U0243152

懒人快手菜

萨巴蒂娜 主编

青岛出版社

QINGDAO PUBLISHING HOUSE

图书在版编目（ＣＩＰ）数据

懒人快手菜 / 萨巴蒂娜主编 . -- 青岛 : 青岛出版社 , 2019.7

ISBN 978-7-5552-8176-4

Ⅰ . ①懒… Ⅱ . ①萨… Ⅲ . ①菜谱 Ⅳ . ① TS972.12

中国版本图书馆 CIP 数据核字 (2019) 第 071814 号

书　　　名	懒人快手菜	
主　　　编	萨巴蒂娜	
出 版 策 划	贺　天	
策 划 编 辑	刘　丹	
摄　　　影	杨　言	
文 字 编 辑	于　沂	
出 版 发 行	青岛出版社	
社　　　址	青岛市海尔路 182 号（266061）	
本 社 网 址	http://www.qdpub.com	
邮 购 电 话	13335059110　0532-68068026	
策 划 编 辑	周鸿媛	
责 任 编 辑	杨子涵	
特 约 编 辑	昝　阳	
设 计 制 作	丁文娟　杨晓雯	
制　　　版	青岛帝骄文化传播有限公司	
印　　　刷	青岛海蓝印刷有限责任公司	
出 版 日 期	2019 年 7 月第 1 版 2019 年 7 月第 1 次印刷	
开　　　本	16 开（710 毫米 ×1010 毫米）	
印　　　张	11.5	
字　　　数	150 千	
图　　　数	786 幅	
书　　　号	ISBN 978-7-5552-8176-4	
定　　　价	49.80 元	

编校质量、盗版监督服务电话　4006532017　0532-68068638

建议陈列类别：生活类　美食类

理直气壮地偷懒

作为一个七岁就开始学做饭的人，我现在越来越觉得，科技的进步使得烹饪变得日益方便、快捷。

如果是在菜市场买菜，我会买一块喜欢的肉类，一定要新鲜，量只要刚刚够做一顿饭即可，付好钱后让老板按照我的要求切丝、切片或者绞成肉馅。如果是买鱼，当然也是让老板帮我开膛破肚、去鳞、清洗干净，回家再洗几下就好了。

菜的种类已经大大丰富，有很多只要冲洗干净就可以直接下锅的蔬菜，选上两三样就可以回家。

家里已经有平时储备的葱姜蒜，调味品选择最好的品牌，因为口感好，滋味隽永丰盈，并且好品牌的东西连包装看起来都赏心悦目，让烹饪的过程变得愉悦。

感谢不粘锅技术的日新月异，只用一点油我就可以炒一个蛋，炒完后甚至干净到锅都不用刷就可以做下一个菜了。而简单的炒菜，只要火力够旺，所有调味品都在手边，几分钟就可以炒好（菜谱可在本书中寻找）。

可以定时的电压力锅、电饭锅、汤煲、烤箱，都帮我节省了大量需要在厨房守候的时间。我尤其喜欢煲汤，可以提前准备好食材，切分后放入锅里，设置并开启定时，到下班进门之前，一锅鲜美的浓汤就煲好了。充盈着汤的香味，这样的家谁不想回？

定时的电饭煲把可口的米饭也做好了，先盛上一碗汤慢慢喝，再把汤料和米饭搅和到一起，稀里哗啦来上一碗。谁说晚饭需要花费大量时间呢？只要有定时的好工具，回家就能马上开饭。

以前大家避之唯恐不及的洗碗，也都可以交给洗碗机解决了。宝贵的时间应该用在刷剧、健身、听音乐，以及陪伴家人之上。

这个年代，你需要的是理直气壮地偷懒，还有一本萨巴厨房的图书。

所有偷懒的方法，我们都帮你想好了。

萨巴蒂娜

2019 年 1 月

第二章

懒人解馋捷径之无肉不欢

第三章
迅捷搞定一餐之优享美味哲学

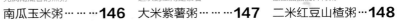

第五章
健康利器之美味果蔬汁

快手秘籍

懒人快手食材

对于"懒小厨"来说，食材易清洗、易切分、易储存是做菜时"偷懒"的关键哦。作为家中必备的健康食材，瓜果蔬菜中究竟哪些更能让你"一懒到底"呢？

马铃薯

堪称懒人万能款食材的标杆。将马铃薯冷藏存放可延长其保存时间，在食用前只需将外皮刮掉，再视需要切块、片、丝等即可烹食，简单又快捷。

小贴士

如遇到马铃薯发芽的情况，最好是将其扔掉，不要食用。如果只是刚刚发了一点儿芽，或者表皮出现小面积变青，可将其彻底清理干净后再用于烹饪。

洋葱

既可凉拌生食，又可烹熟食用，还有保健功效，是广受欢迎的食材。易存储是洋葱的一大特点，将它放于阴凉、通风的地方，可保鲜数日。使用前只需将外皮剥掉即可，很方便哦。

小贴士

如用塑料袋包住，或放入冰箱，反而易使洋葱发霉变质。

卷心菜

用保鲜膜包好后放进冰箱冷藏，即可存储一周仍保持新鲜美味，食用时只需将最外面的叶子剥掉，稍做清洗即可。

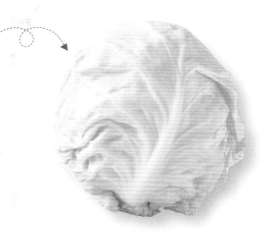

小贴士

选购卷心菜时，不宜选择松散、大个的，包裹紧密的中小个头卷心菜更好吃。

西红柿

地球人都爱的西红柿，因其易储存、风味好、做法简单的特点，更成为"懒小厨"家中必备食材之一。将西红柿蒂朝下置于常温下保存，能有效防止其中的水分散失，可保存 7 天左右。

小贴士

将西红柿在开水中烫约 2 分钟，即可轻松将外皮剥掉，口感更好。这种方法只适用于成熟度高的西红柿，偏生的效果不好，外皮即使烫过也很难撕下来。

胡萝卜

胡萝卜中含有丰富的胡萝卜素等营养成分，极易存储，只需将其冷藏或置于通风处即可，保质期长达 7 天甚至更久。

小贴士

选购胡萝卜时，尽量选择带泥巴的新鲜胡萝卜，泥巴会减少胡萝卜内水分蒸发，延长其保质期。

鸡蛋

鸡蛋中含有丰富的蛋白质及脂肪等营养成分，易存储、易操作、吃法多样，备受"懒小厨们"喜爱。鸡蛋保存只需冷藏即可。

小贴士

鸡蛋不可与葱、姜、蒜等有强烈气味的食材一起保存，以免串味。

· 懒人快手工具 ·

以下快手小工具，能让"懒小厨们"下厨时更省时省力、事半功倍。

削皮器

可快速为马铃薯、胡萝卜、山药、苹果等果蔬去皮。最好是选择有较宽的不锈钢刀片的削皮器，不但经久耐用，而且削皮快，削下的皮薄。削皮器刀片接触果蔬面积越大越省劲儿哦。

小贴士

削皮器不光可以利用不锈钢刀片削皮，旁边的塑料小锯齿也记得利用起来，它是削橙子皮的好助手。

果蔬清洗盆

既可清洗果蔬、淘米，又可沥水后当果篮，让瓜果蔬菜清洗更简单。

小贴士

在选择清洗盆时，尽量选择食用级 PP 材质的，使用时更放心。

不锈钢多层剪刀

懒人必备剪刀，剪一下等于五下，葱、韭菜、香菜、豆腐干张、辣椒、海带……统统可以剪，省时更省力。

小贴士

一定要选择硬度较强的优质不锈钢材质做成的厨房剪刀，既耐用，又不易氧化生锈，处理蔬菜时干净又卫生。

蔬菜加工器

对新手们来说，切菜是个麻烦活儿，费时间不说，还常常切得歪歪扭扭很难看。要想既省力又切得好看，多功能蔬菜加工器可是必备之选哦。

小贴士

最好是选择带护手器的加工器，这样处理蔬菜的时候不会因为速度过快而伤到手。

快速磨蓉：
蘸饺子吃的蒜蓉，营养的胡萝卜泥粥，简单的土豆泥沙拉……想怎么吃就怎么吃。

快速切片：
能切出整齐的蔬菜片，有了它，5分钟即可做出一盘肉丝炒黄瓜片。

快速切丝：
酸辣土豆丝、清炒胡萝卜丝、虾仁莴苣丝……都可轻松做。

食材切碎器

解放人们的双手，再也不愁剁肉剁菜了。剁青菜、绞肉馅、碎大蒜等，甚至连搅拌的工夫都省了，让你享受轻松做美食的乐趣。包子、饺子、丸子、肉饼、和馅儿、打蒜泥、打辣椒酱、做宝宝辅食……你想吃的美食统统做起来。

小贴士

在切碎青菜时不宜切得过碎，否则会影响口感哦。

多功能高汤分装盒

想要餐食美味，怎能少得了高汤呢？高汤煮好放凉后分装入冰盒，然后冷冻，每次要用时只需取出几块，就可为整道菜提鲜不少。

小贴士

在选择分装盒时，建议选择品质好的硅胶材质做成的，不但保证了食材的品质，柔软的材质使得拿取食材也很方便。

食物破壁机

各类食材轻松打汁的懒人神器，只需将食物洗净并切块后放入，几分钟就可打出细腻无渣的果蔬汁、豆浆、鱼汤等。更重要的是，破壁机清洗超级简单，只需将杯体里剩余的残渣冲洗干净即可。

小贴士

使用破壁机打汁水较少的食材（例如胡萝卜）时，记得要加少许水或其他汁水含量丰富的果蔬，这样才能打出口感更佳的果蔬汁，而不会打成果泥。

▶ 用破壁机制作鲜美鱼汤

鱼骨中的营养素含量十分丰富，用破壁机制作鱼汤时，将鱼去鳞、头、尾、内脏，清洗干净，将鱼身切块后不必去除鱼骨，直接加水放入破壁机打碎，再将细腻的鱼汤倒入锅中煮熟，加入调料即可食用。

· 懒人快手调料 ·

菜肴好吃，调味至关重要。如何才能让"懒小厨"轻松做出美味佳肴呢？选择正宗品牌的快手调料，为您的菜品更添好滋味。

烧烤酱
将肉类处理好后加入烧烤酱腌制入味，然后烤制即可，轻松方便味道好。

沙拉酱
将蔬菜清洗干净并控干、切分后，倒入沙拉酱搅拌，一道健康沙拉就做好了。

黑胡椒酱
用于炒菜或煎牛排调味，口感更佳，香浓醇厚。

秘制红烧汁
适合炖肉、炖鱼时放入。相比其他生抽酱油，味道更香稠浓郁，可轻松做出好吃的红烧菜。

蒸鱼豉油
鱼蒸好后淋上蒸鱼豉油调味，使鱼肉味道鲜美，香气醇厚。

咖喱块
烹饪时放1-2块，用简单的蔬菜、肉类就能做出美味的咖喱美食。

十三香
烹煮肉类时不可缺少的调料，做菜时少量加入，味道更佳。

▶ 懒人版辣椒酱做法

将红辣椒、大蒜、洋葱、盐和少许生抽放入食材切碎器中打碎，盛到干净容器中，将热油倒入，美味的辣椒酱就做好啦。

· 懒人快手妙招 ·

怎样能既吃得好，又省时省力呢？以下这些懒人快手秘籍，快学起来吧。

将多份食量的饺子、馄饨等一次制作完成，按份冷冻，每次吃前现煮即可。

将黄瓜、西蓝花、胡萝卜等蔬菜加陈醋、白糖和少量生抽拌匀后放冰箱冷藏，每次吃饭时拿出一些当凉菜食用，爽口又解腻。

炖肉或排骨等时多做些，按份冷冻，吃的时候用蒸锅蒸一下即可。

提前将肉类腌好后分份冷冻，要吃时解冻后烤制即可。

第 一 章

轻纤健康的素食快手菜，对复杂说"不"。
用喜欢的蔬菜、简单的烹煮方式、少许调味，
还原出食材最本真的味道。在调味方面，甜
酸口时醋和糖是最佳搭配，咸口时生抽和食
盐是好拍档，酸口时醋要出锅前再加，偶尔
加点蚝油会为整道菜锦上添花。还有，要偷
偷告诉你的是：葱姜蒜等辅料会为菜品增味
不少，你可以一次性多切些葱姜蒜碎，放保
鲜盒冰箱冷藏，每次做菜会省不少力哦！

轻纤快手之

健康素食主义

悄 悄 吃 出 好 身 材

西蓝花炒素鸡

烹饪时间 ◎ **25min**　　难易程度 ▣ **简单**

偷懒方向：半成品素鸡简单方便

材料	西蓝花	180 克
	素鸡	120 克
	胡萝卜	少许

调料	植物油	20 毫升
	盐	1/2 茶匙
	生抽	1/2 汤匙
	蚝油	1/2 汤匙
	大蒜	5 瓣

营养贴士

对于天天喊着减肥却管不住嘴的"吃货"来说，西蓝花是极好的选择，它不仅热量极低，而且还含有丰富的营养物质，让你在减重的同时还能延缓衰老，很多明星把它作为美容养颜的必备食材。西蓝花炒素鸡这道菜做法简单，特别适合忙碌了一天后不想动弹的你，多吃还能保护累了一天的眼睛呢。

▌烹饪秘笈

西蓝花焯水时加少许食盐，能让菜品颜色保持鲜艳亮丽。

做法

1. 将西蓝花洗净，掰成小朵状。素鸡切片，胡萝卜洗净切片，大蒜切片备用。

2. 起锅加水，大火烧开，将西蓝花放入，加少许盐（分量外），焯水 1 分钟左右，将焯好的西蓝花沥水，放入干净的碗里备用。

3. 中火烧热炒锅，倒油烧至八成热，将大蒜放入炒香。

4. 加入素鸡翻炒，放入盐、生抽调味。

5. 加少量清水，煮开。

6. 待汤汁变黏稠时加入西蓝花、胡萝卜，大火翻炒，直至断生。

7. 加蚝油调味，即可关火出锅。

特色

绵软的素鸡搭配爽脆的西蓝花，在口味上起到以素仿荤的效果，饱满的色泽让人口水直流。

菠菜蒸粉丝

烹饪时间 ⏱ **20**min　　难易程度 ▣ **简单**

营养贴士

知道为什么大力水手爱吃菠菜吗？因为菠菜可以给他补充足够的能量，让他瞬间变强壮。菠菜中含有大量的营养物质，除了能够补铁之外，还能够强身健体，唤醒活力，小孩子多吃还可以激活大脑功能，变得更聪明。所以，想要时刻拥有青春活力，不妨跟着大力水手一起吃点菠菜吧。

材料		
菠菜	300 克	
粉丝	80 克	

调料		
植物油	50 毫升
大蒜	3 瓣
盐	1/2 茶匙
生抽	1/2 汤匙
蚝油	1/2 汤匙
香油	1/2 汤匙
红辣椒	2 个

▎烹饪秘笈

用温开水泡发粉丝，不仅省时且泡出的粉丝味道好。

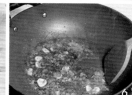

做法

1. 在盆中加入温开水，将粉丝放入，浸泡 3 分钟左右。

2. 将菠菜择叶洗净，大蒜切片，红辣椒切碎备用。

3. 坐锅加水，大火烧开后加少许油，放入菠菜焯烫 1 分钟。

4. 将焯好的菠菜捞出，沥水后放入盘中。

5. 将泡好的粉丝捞出后放在菠菜上，备用。

6. 起油锅，等油烧至八成热后加入大蒜、红辣椒煸炒，炒香后加入盐、生抽、蚝油调味，关火。

7. 将热油汁浇到菠菜粉丝盘中。

8. 蒸锅加水，将菠菜粉丝放入锅中，大火蒸 5 分钟，出锅后淋香油即可。

特色

菠菜在烹调时易出汁，而粉丝恰能将鲜汁
吸收，入口鲜香滑嫩，堪称绝配。

古 法 烹 调 的 美 味

百合西芹炒腰果

烹饪时间 **20min**　　难易程度 **简单**

偷懒方向：腰果易储存易取用

材料		
西芹	120 克
鲜百合	1 头
腰果	60 克

调料		
植物油	30 毫升
盐	1/2 茶匙
白砂糖	1/2 汤匙

营养贴士

现代人生活压力大，十个中就有九个晚上睡不好，与其每晚都喝安神口服液，不如试试这道百合西芹炒腰果。百合具有很好的静心安神的效果，搭配腰果和西芹食用，还可以润肠通便，排出毒素，让你不但拥有好的睡眠，还能拥有令人羡慕的好身材、好肤色。

烹饪秘笈

翻炒腰果时要冷油下锅，调小火，勤翻动，防止炒煳。

做法

1. 将鲜百合切头去尾，分瓣，洗净后沥水。将西芹取梗，洗净后切片备用。
2. 起锅加水，烧开后加入少量盐和油，放入西芹焯一下，捞出过凉水备用。
3. 起冷锅倒油，放入腰果小火翻炒，炒至金黄后捞出放凉。
4. 锅中留少许油，烧至八成热，放入西芹大火翻炒至断生。
5. 加入百合，继续翻炒 1 分钟，加入盐、白砂糖调味后关火。
6. 在锅中撒入放凉的腰果，翻匀后出锅装盘即可。

✿ 特色

调味后偏甜口的百合搭配醇香
的腰果、劲脆的西芹，好吃到
停不下来。

口水直流的开胃菜

素炒绿豆芽

烹饪时间 **15min**　难易程度 **简单**

偷懒方向：绿豆芽一炒就熟

材料	绿豆芽	300 克		
调料	大葱	半根	盐	1/2 茶匙
	蒜	3 瓣	生抽	1/2 汤匙
	红辣椒	2 个	醋	1/2 汤匙
	香菜	1 棵	姜	3 片
	植物油	50 毫升		

营养贴士

绿豆芽是个好东西，很多人喜欢自己在家发豆芽，安全又营养，吃得也放心。有的健身教练会把这道菜当作减肥餐来推荐，一是因为它热量低，吃再多也不长肉，二是因为它含有丰富的维生素 C 和膳食纤维等，多吃可以帮助消除体内多余脂肪，促进消化，是一道不可多得的塑身、美肤餐。

烹饪秘笈

绿豆芽下锅后要用大火快炒的方法，这样口感才爽嫩清脆。绿豆芽性寒，秋冬季烹调时应加入姜丝，以中和其寒性。

做法

1. 将绿豆芽根部去尖，择洗净。香菜去杂叶，洗净。
2. 将处理好的豆芽、香菜洗净后沥干备用。
3. 将大葱、香菜切小段，大蒜切片，红辣椒切丝，姜片切丝。
4. 开火坐锅，锅烧热后倒入油。
5. 将油烧至八成热后加入葱段、蒜片、姜丝，大火炒香。
6. 在锅中加入豆芽，快速翻炒，炒至豆芽变色后加入红辣椒翻炒均匀。
7. 加入生抽、盐、醋调味，放入香菜快炒几下，关火即可。

❋ 特色

这道菜还原了绿豆芽的脆嫩口感，再加
上酸辣的调味，清新开胃又下饭。

萨 瓦 迪 卡

咖喱小土豆

烹饪时间 ◎ **30min**　　难易程度 ▣ **简单**

提到咖喱，就不由得想到了泰国，咖喱本身是由众多香料组成，而泰国所在的东南亚则是盛产香料的地方。咖喱小土豆这道菜，可谓是把香料的气味和营养激发到了极致，瞬间让人胃口大开，多吃还能促进血液循环，起到排湿的效果，一道菜吃完，让人顿时神清气爽。

材料		
土豆	2 个
胡萝卜	半根
青豆	100 克

调料		
盐	1/2 茶匙
植物油	30 毫升
葱	半根
咖喱	1 块

▌ 烹饪秘笈

加入咖喱块后，汤汁很快会变得黏稠，所以一定要调小火烹煮，以防糊锅底。

做法

1. 将土豆、胡萝卜削皮后洗净，青豆洗净后备用。
2. 将大葱去外皮后洗净，切小段。土豆、胡萝卜切小块备用。
3. 起锅，开中火，锅热后倒油，稍加热油后倒入土豆块煸炒，炒至外皮呈金黄色后捞出。
4. 保持中火，在锅中留少许油，放入葱段炒香。
5. 将土豆块、胡萝卜块、青豆加入，倒入清水至盖过食材，大火煮开。
6. 加入盐调味，煮至汤汁减少、土豆绵软。
7. 加入咖喱块，煮至汤汁黏稠，即可关火出锅。

✿ 特色

来自异国风情的咖喱味美食，给你的家常菜换点新鲜花样。红黄绿的饱满色泽，定能让你胃口大开。

偷懒方向：
小土豆易处理易储存

这 道 菜 很 百 搭

地 三 鲜

烹饪时间 ◎ **30**min　　难易程度 ◎ **简单**

材料		
土豆	2 个	
茄子	1 个	
青椒	2 个	

调料				
植物油	30 毫升	大葱	半根
盐	1/2 茶匙	大蒜	3 瓣
生抽	1/2 汤匙	淀粉	1 汤匙
蚝油	1/2 汤匙		
白糖	1 汤匙		

营养贴士

北方人多爱吃东北菜，东北人最爱吃地三鲜。茄子、土豆加青椒，这三种最易存储的食材成就了这道朴素的经典名肴，不但好看好吃，而且吃完后浑身暖和不怕冷。天寒地冻时，做一道地三鲜上桌，既能解油腻，还能补充身体所需的热量，热热乎乎更养胃。

▎烹饪秘笈

将茄子块裹上一层淀粉，在煎炸时能起到隔油保护的作用，让茄子达到虽过油却不吸油的效果，吃起来鲜香不腻。

做法

1. 将土豆削皮、洗净，茄子、青椒洗净，大葱、大蒜去外皮后洗净。
2. 土豆、茄子切成滚刀块。青椒去蒂、籽，切块。大葱切成小段。
3. 将盐、生抽、蚝油、白糖倒入碗中，加入 1/2 茶匙淀粉和少量清水，搅拌均匀。
4. 将茄子放入盆中，裹上剩余干淀粉。
5. 炒锅置中火上，倒油，油热后将土豆倒入，大火炸熟后捞出沥油。
6. 将茄子倒入锅中，炸至表皮呈金黄色后捞出沥油。
7. 锅中留少许底油，爆炒大葱、大蒜，将土豆、茄子、青椒倒入锅中快炒。
8. 将调好的调味汁倒入后搅拌均匀，关火出锅即可。

饭店里上桌率极高的地三鲜，在家也能轻松做出来，而且改良后的少油做法，让这道美味的菜肴吃起来更健康无负担。

吃出江南味道

荷塘脆藕

烹饪时间 ◎ **20**min　难易程度 ▣ **简单**

营养贴士

古人素爱莲，既爱它曲本天成的玲珑心，也爱它出淤泥而不染的高品格。事实上，莲藕作为一种健康低脂的蔬菜，在现代也备受人们推崇。女士多吃莲藕，可以吃出年轻红润的好气色；胃口不好的人多吃莲藕，能在一定程度上改善食欲，增强身体的免疫力；对于患有高血压的人来说，莲藕有着较好的降压效果。

材料		
莲藕	1 段
荷兰豆	100 克
玉米粒	50 克
胡萝卜	50 克

调料		
植物油	30 毫升
盐	1/2 茶匙
白糖	1/2 茶匙
白醋	1/2 汤匙
大蒜	2 瓣

▌烹饪秘笈

莲藕切片后浸水，目的是将自身的淀粉泡出。莲藕在焯水和炒制过程中讲究大火、快速，这是保持莲藕爽脆口感的关键。

做法

1. 将莲藕、胡萝卜去皮洗净。荷兰豆洗净，择丝去头。大蒜去皮备用。
2. 将莲藕切片，浸泡于清水中。胡萝卜切片，大蒜切小块。
3. 锅中加水煮开，加少许油，放入藕片焯水 15 秒左右，快速捞出沥水。
4. 在热水锅中放入荷兰豆焯水至断生，捞出沥水。
5. 坐锅大火烧热油，将大蒜放入炒香。
6. 将莲藕、荷兰豆、玉米粒、胡萝卜放入锅中，快速翻炒 10 秒。
7. 加入盐、白糖、白醋，炒匀即可出锅。

这道菜颜色丰富，莲藕的白与玉米的黄、荷兰豆的绿、胡萝卜的红，搭配起来清新雅致，令人仿佛置身于江南，在餐桌上体验了一把荷塘月色。

清炒芦笋

烹饪时间 ◎ **15min**　难易程度 ▣ **简单**

材料		
鲜芦笋	200 克
小白蘑菇	100 克
胡萝卜	50 克
黄彩椒	1 个

调料		
植物油	50 毫升
盐	1/2 茶匙
生抽	1/2 汤匙
姜	小块
蒜	2 瓣

营养贴士

现在年轻人过得真不容易，好不容易熬过"逼婚"一关，接着就得面对"催娃"的坎儿。但由于长久以来高脂肪高热量的饮食习惯，怀宝宝变得越来越不容易。在这里，真诚建议要做妈妈的女士，多吃这道清炒芦笋，它所含有的丰富的叶酸是纯天然的营养素，经常食用，特别有助于胎儿的生长发育，而且，芦笋素有"蔬菜之王"的美誉，里面含有抗癌元素之王——硒，能够提高身体对癌的抵抗力，让腹中的宝宝健健康康地成长。

▌烹饪秘笈

鲜芦笋焯水至断生，是为了缩短其烹炒时间，最大限度地保留芦笋中的营养成分，爽口更鲜嫩。

做法

1. 将芦笋、小白蘑菇、胡萝卜、黄彩椒洗净。
2. 将芦笋切段，小白蘑菇切片，胡萝卜切片，黄彩椒去蒂、籽后切丝，姜、蒜切片备用。
3. 坐锅加水烧开，放入芦笋焯水至断生，捞出后沥水。
4. 坐锅，加油烧热，放入姜、蒜炒香。
5. 将芦笋、小白蘑菇、胡萝卜、黄彩椒放入锅中，快速翻炒 1 分钟。
6. 加入盐、生抽调味，炒匀后关火即可。

特色

芦笋是放一点盐煎炒就能鲜嫩无比的
食材，当芦笋遇上小白蘑菇，整道菜
鲜美多汁，想想都口水直流。

偷懒方向：
小白蘑菇简单切片易熟更入味

来自日本的风味美食

秋葵厚蛋烧

烹饪时间 **15min**　难易程度 **简单**

营养贴士

精力不足的时候，会什么也不想干，甚至连走路都觉得飘忽、不稳当，这时候适合来一道秋葵厚蛋烧，它有着很好的缓解疲劳和恢复体力的效果，特别适合工作、生活压力大的职场人士。而且，女士常吃秋葵，其极低的热量和丰富的膳食纤维还能帮助身体排毒减肥，抵抗衰老，一举多得。

材料		
秋葵	4 根
鸡蛋	3 个
胡萝卜	半根

调料		
植物油	30 毫升
盐	1/2 茶匙
白糖	1/2 汤匙
生抽	1 汤匙

▌烹饪秘笈

制作厚蛋烧一定要用不粘锅，小火烧制，在底部稍稍凝固后慢慢卷起，再倒入另一半蛋液，这样鸡蛋会分多层，而且保持嫩滑的口感。

做法

1. 将秋葵洗净后去蒂。胡萝卜削皮后洗净，切成小碎丁备用。
2. 坐锅加清水，大火烧开，放入秋葵焯水 1 分钟左右，捞出沥水。
3. 在碗中打入鸡蛋，打散后加入胡萝卜丁、盐、白糖、生抽搅拌均匀。
4. 取不粘锅，热锅后倒油，倒入一半蛋液。
5. 煎至蛋液底部凝固后摆上秋葵，小火烧制，慢慢卷起。
6. 卷至边缘时倒入剩下的蛋液，用相同的方法慢慢卷完，出锅。
7. 将蛋卷切块后放入盘中，蘸生抽（分量外）食用即可。

特色

厚蛋烧的做法源于日本，比普通煎蛋口感
更滑嫩，与秋葵搭配，色泽好看，滋味丰富，
是一道高营养的创意菜品。

多彩美味，拒绝单调

什锦山药

烹饪时间 ⏱ **25min**　　难易程度 ▣ **简单**

营养贴士

俗语说"夏吃叶子冬吃根"，古人真是养生保健的高手。秋冬时节，山药是家家户户餐桌上常见的食材，殊不知它也是一味中药。《本草纲目》中说，经常食用山药，可以起到很好的补肾开胃、益气养肺的效果，特别是对于中老年人来说，还能够软化血管，降低血糖，改善睡眠，增强记忆力。

材料		
山药	1根
干木耳	5朵
胡萝卜	半根
青椒	半个
枸杞	10克

调料		
植物油	50毫升
盐	1/2茶匙
生抽	1汤匙
白醋	1汤匙
大葱	半根

▍烹饪秘笈

1. 泡发木耳最方便的方法是在碗中放入木耳，倒入清水，放入冰箱冷藏室，次日使用。如果着急用，也可用温水泡发，二十分钟左右即可。

2. 给山药去皮时建议戴上一次性手套操作，以防引起皮肤瘙痒。

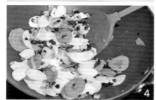

做法

1. 干木耳用温水泡发，洗净，切丁备用。

2. 将山药去皮、洗净，切成厚 0.5 厘米左右的片。将胡萝卜去皮、洗净，切片。青椒去蒂、籽，切丁。大葱切成葱花碎备用。

3. 坐锅，开中火，锅热后倒油，油烧至八成热时放入葱花炒香。

4. 将山药放入翻炒 3 分钟，加入胡萝卜、木耳、青椒、枸杞，继续翻炒 1 分钟。

5. 加入适量盐、白醋、生抽炒匀，关火出锅即可。

特色

山药一改单调色泽，搭配木耳、胡萝卜、青椒，高颜值的同时更加营养美味，是家常小炒里一道低难度的快手菜品。

番茄茭白

烹饪时间 ⏱ **15min**　难易程度 ▣ **简单**

材料		
茭白	2 根
番茄	1 个
玉米粒	50 克
熟豌豆	20 克

调料		
植物油	50 毫升
盐	1/2 茶匙
葱	半根
料酒	1 汤匙

营养贴士

知道为什么江南的妹子们个个都肤白水嫩不？那是因为她们平常吃的食物就能美容啊！茭白是江南三大名菜之一，备受喜爱，素有"水中参"的美誉。女孩子经常吃茭白，不但能够补充水分，而且能阻止皮肤黑色素的生成，使肌肤细腻光滑，真真正正健康美白。除此之外，它还能消肿去湿，清热通便，能帮助保持住好身材，女孩子们抓紧吃起来吧！

▌烹饪秘笈

茭白含有较多的草酸，会影响钙的吸收，建议焯水后再烹制，但焯水时长不宜超过1 分钟，以防煮得过软，口感变差。

做法

1. 将茭白去皮，洗净，滚刀切成小块备用。
2. 坐锅烧水，加少许盐，水开后将茭白放入，大火焯水 1 分钟左右，捞出沥干备用。
3. 将番茄洗净，去皮后切小块。葱切成小碎花备用。
4. 炒锅置中火上，锅热后放油，油热后放入葱花炒香。
5. 加入番茄快速翻炒，炒至起沙，加入茭白继续翻炒 1 分钟。
6. 将玉米粒和豌豆放入，加入料酒和剩余的盐，快速炒匀即可关火。

特色

茭白搭配番茄，酸爽开胃，红白相间，是
一道让人吃起来心情棒棒的菜品。

偷懒方向：
成品玉米豌豆粒冷冻保存即取即用

锁鲜高手俘获你的心

金针菇菜卷

烹饪时间 ● **20min**　难易程度 ■ **简单**

材料		
金针菇	300 克
卷心菜	4 片
胡萝卜	半根

调料		
植物油	50 毫升
盐	1/2 茶匙
红烧酱油	2 汤匙
白糖	1 茶匙
蚝油	1/2 汤匙
胡椒粉	2 克
淀粉	2 克

营养贴士

爱吃金针菇的孩子会很聪明，因为金针菇里含有十几种人体所需要的氨基酸，特别有利于儿童智力的发育，搭配卷心菜食用，还能够让孩子少生病。对于三高人群来说，这道菜也是个不错的选择，经常吃，可以有效降低血液中的胆固醇，减少中风的风险；胃肠不舒服的人多吃，也可以有很好的调理和治疗效果。

▌烹饪秘笈

金针菇以一口的量为准分组，切忌贪多，否则不容易嚼烂。将金针菇焯水可去除杂质和异味，且节省烹调时间，以免需要煎太久使外层的包菜变得太软。

做法

1. 将金针菇剪掉根部后洗净。卷心菜选大叶子，洗净，切成 3~4 等份。胡萝卜削皮后洗净，切丝备用。

2. 坐锅烧水，水开后将金针菇焯水 30 秒，捞出沥干，分成小指粗的几束。

3. 在碗中加入红烧酱油、白糖、盐、蚝油、胡椒粉、淀粉和少量清水，调成红烧汁。

4. 取小束金针菇，搭配胡萝卜丝，用卷心菜叶子包住，用牙签固定。

5. 平底锅置于火上，放油烧热，将金针菇卷放入锅中，煎 2~3 分钟。

6. 将红烧汁均匀浇在金针菇卷上，待汤汁黏稠后关火出锅。

7. 装盘时为方便食用，可将牙签取下。

金针菇口感嫩滑，卷心菜清爽可口，两者
完美搭配，不但营养丰富，尝起来更是绵
柔带脆，浓郁中更添醇香。

偷懒方向：
让汤汁一秒变浓稠的淀粉

Q弹（筋道弹牙）豆腐吃起来

嫩烧日本豆腐

烹饪时间 ⏱ **15min**　难易程度 ▣ **简单**

材料		
日本豆腐	3包
红彩椒	半个
鲜香菇	3朵

调料		
植物油	30毫升
盐	1/2茶匙
生抽	1/2汤匙
白糖	1/2汤匙
生粉	1汤匙
蚝油	1/2汤匙
香菜	1棵

营养贴士

这道菜软滑鲜嫩，品尝时绝对是种享受。日本豆腐不但口感胜过卤水豆腐，营养也一点儿都不逊色。爱美的女士经常食用，能吃出润滑细腻的好肌肤，还能排除身体中的毒素，起到很好的美颜效果。除此之外，孕期里的妈妈吃这道菜，还有着通乳生乳、帮助身体恢复的作用。

▍烹饪秘笈

日本豆腐容易破碎，烹饪这道菜时一定要轻。日本豆腐均等切段，切忌太薄，以防煎的时候碎掉。炸好的日本豆腐下锅后最好是用颠勺的手法，不要翻炒。

做法

1. 将日本豆腐从中间切开，切成均等的小段备用。
2. 香菇、红彩椒、香菜洗净，香菇切块；红彩椒去蒂、籽，切条；香菜切碎末备用。
3. 在碗里倒少量生粉，将日本豆腐放入，裹一层生粉。
4. 将生抽、白糖、盐、蚝油和适量清水调成汤汁备用。
5. 坐锅，锅热后倒油，开中火，油热后将裹了生粉的日本豆腐放入，炸至金黄色，捞出。
6. 锅中留少许底油，将香菇块、红彩椒条倒入，翻炒1分钟。
7. 将过油的日本豆腐倒入，加调好的汤汁，轻轻颠勺。
8. 撒上香菜末后关火，盛入盘中即可。

特色

吃惯了平常的豆腐，来道软嫩香滑的日本
豆腐吧，这道菜有着豆腐的嫩滑，鸡蛋的
清香，汤汁鲜美浓稠，连汤带菜拌着米饭，
一定能让你吃个碗底朝天。

把素菜做出肉味来

素口鱼香肉丝

烹饪时间 ◎ **25min**　　难易程度 ▣ **稍难**

偷懒方向：增味又万能的豆瓣酱

材料				
杏鲍菇	2个	尖椒	1个
木耳	3朵	胡萝卜	半根
竹笋	半根		

调料				
植物油	30毫升	大蒜	3瓣
豆瓣酱	2汤匙	葱	半根
盐	1茶匙	姜	2片
白糖	1汤匙	料酒	2汤匙
生抽	2汤匙	淀粉	1茶匙
白醋	1汤匙		

营养贴士

没瘦过的人生不圆满。如果不想运动减肥，那就尝试一下在饮食上稍加改变吧，也许真能吃出好身材哟。比如这道素口鱼香肉丝，用了热量极低的杏鲍菇、竹笋和木耳等食材，不但口感鲜嫩、营养丰富，而且能增强身体的新陈代谢，促进消化，去脂减重，经常食用还有一定的美颜效果呢。

▌烹饪秘笈

焯水后的杏鲍菇用力挤出水分后，可再用厨房纸巾蘸去多余水分，这样腌制起来更容易入味。蒜、葱、姜按1:2:3调成的鱼香汁，滋味更正宗。

做法

1. 杏鲍菇洗净，切成1厘米粗的长条。竹笋洗净后切条。尖椒去蒂、籽，洗净，切丝。胡萝卜洗净，切丝。

2. 在碗里放入温水，将木耳泡发，洗净后去蒂，切成细丝备用。

3. 坐锅烧水，水开后将杏鲍菇条放入，焯水1分钟，捞出沥净水。

4. 将焯过水的杏鲍菇条加入1汤匙料酒、一半盐、一半生抽、全部淀粉抓匀，腌制入味。

5. 按照1:2:3的比例取蒜、葱、姜切成碎末，加入白醋、白糖和剩余盐、生抽调制成鱼香汁备用。

6. 起油锅烧至三成热，放入杏鲍菇滑散，依次加入竹笋条、胡萝卜丝、尖椒丝，最后加木耳丝快速滑炒，全部拌匀后盛出备用。

7. 炒锅洗净，置于火上，倒入油烧热，加入豆瓣酱和1汤匙料酒炒出红油，倒入鱼香汁。

8. 大火烧开后加入炒好的菜丝，翻炒均匀后关火即可。

这道无鱼无肉的鱼香肉丝简直就是素食主义者的福音，口感脆嫩爽滑，鱼香口味酸甜开胃，带给你的味蕾极致的享受。

完 美 早 餐 搭 配

荭瓜鸡蛋饼

烹饪时间 ⏱ **15min**　难易程度 ▣ **简单**

材料	荭瓜	1 根
	胡萝卜	半根
	鸡蛋	2 个
	面粉	100 克

调料	植物油	50 毫升
	盐	1/2 茶匙
	胡椒粉	1/2 茶匙
	大葱	1 段

营养贴士

现在市场上的营养保健品真是让人眼花缭乱，事实上，只要饮食结构合理，大多数人是不需要进补的。比如这道荭瓜鸡蛋饼，就是一道极好的补钙美食。此外，荭瓜富含水分，及维生素C、葡萄糖等营养物质，常食还可润泽肌肤，具有美容功效。

▌ 烹饪秘笈

放入面粉时可以稍微加点清水，不要太稠，否则蛋饼容易发硬，影响口感。

做法

1. 将荭瓜和胡萝卜洗净，分别擦成丝。葱切成葱花。

2. 在碗中放入荭瓜丝、胡萝卜丝，加盐、胡椒粉搅拌均匀后腌 2 分钟左右。

3. 在碗中继续加入鸡蛋液和葱花。

4. 搅拌均匀后加面粉和少许清水搅拌。

5. 平底锅置火上，倒入植物油烧热。

6. 油热后将荭瓜鸡蛋面糊倒入锅中。

7. 用木铲将面糊摊平，煎 2~3 分钟后翻面。

8. 待荭瓜饼两面煎至微黄变色后关火即可。

特色

这道菜简单易学，既可当饭也可当菜，营养丰富，香味浓郁，是中式早餐的经典之作。

就爱年糕思密达

南瓜炒年糕

烹饪时间 ⏱ **20**min　　难易程度 ▣ **简单**

营养贴士

现代社会，几乎所有人都整天守着电脑或手机，多吃点南瓜，可以有效降低电磁辐射对身体的伤害，而且南瓜中含有丰富的微量元素，不但能够增强身体免疫力，还能够促进胃肠蠕动，帮助食物消化，特别适合久坐不动、对着电脑工作的白领一族。

材料		
年糕	300 克
南瓜	200 克
西红柿	1 个

调料		
植物油	30 毫升
盐	少许
韩式辣酱	20 克
生抽	1/2 汤匙
葱	1 段

▌烹饪秘笈

年糕和南瓜分开锅灶烹饪，年糕软熟的同时，可以充分保留南瓜的鲜嫩脆口，不至于火候过大，影响南瓜的口感。

做法

1. 将南瓜削皮后洗净，去瓤，切成薄片。年糕切片。
2. 将西红柿洗净，去皮，切小块。大葱切成葱花碎。
3. 炒锅置中火上，热锅后倒油，油热后下入南瓜，炒至七分熟时出锅备用。
4. 锅底留油，将葱花放入炒香，加入西红柿块，炒至出沙、汁稠。
5. 倒入年糕片，翻炒至年糕变软，倒入炒至七分熟的南瓜。
6. 加入韩式辣酱、盐、生抽炒匀，出锅即可。

特色

这是具有正宗韩式风味的一道美味，年糕软中带韧，南瓜香甜软嫩，看似油腻，实则酸甜清爽，吃起来让你舍不得放下筷子。

五 彩 缤 纷 ， 大 有 内 涵

韭菜鸭蛋豆腐卷

烹饪时间 ◎ **15min**　　难易程度 ▣ **简单**

营养贴士

韭菜的营养价值就不用多说了吧？"壮阳草"这一响亮的名号足以证明一切了。韭菜搭配鸭蛋，正好一热一凉，其性互补，营养翻倍，再加入豆腐卷，更可以开胃提神，缓解疲劳；睡眠不好的人经常吃这道菜，还能极大地改善失眠的状况。

材料		
鸭蛋	2 个
韭菜	100 克
胡萝卜	半根
黄瓜	1 根
豆腐皮	1 张
大葱	1 段

调料		
植物油	30 毫升
盐	少许
豆瓣酱	2 汤匙

▌烹饪秘笈

炒韭菜时火候不要过大，建议先放入韭菜梗翻炒一下，再放韭菜叶，炒至叶子变软即可出锅。

做法

1. 将韭菜洗净，梗和叶分开，各自切成小段。葱去外皮，洗净，切丝。胡萝卜、黄瓜均洗净，擦成丝。豆腐皮洗净后备用。

2. 将豆腐皮展开，上面均匀摆放葱丝、胡萝卜丝、黄瓜丝。

3. 从豆腐皮一侧开始卷，卷好后开口朝下，均匀切成块，摆盘。

4. 将鸭蛋磕入碗中打散后加盐搅匀。

5. 坐锅，锅热后倒油，油热后将鸭蛋液倒入，翻炒。

6. 鸭蛋液微微凝结后加入韭菜段和豆瓣酱，炒至韭菜变软后关火。

7. 盛出，摆盘即可。

✿ **特色**

相较于鸡蛋，鸭蛋才是韭菜的绝配。鸭蛋
的清凉与韭菜的燥热相互平衡且互补，搭
配脆爽的豆腐卷，入口瞬间鲜香在舌尖绽
放，让你吃一口便心满意足。

有"才"更多"福"

娃娃菜炖豆腐

烹饪时间 ⏱ **25**min　难易程度 ▣ **简单**

材料	娃娃菜	1棵	胡萝卜	半根
	豆腐	400克	海米	20克
	猴头菇	4朵		

调料	植物油	50毫升
	盐	1/2茶匙
	生抽	1/2汤匙
	大葱	1节

营养贴士

工作累了一天，啥都不想吃，回家凑合一口就想"躺尸"。其实这时候，不妨来道娃娃菜炖豆腐，做法简单，营养也丰富。当作晚餐吃，不但增进食欲，而且特别好消化，经常吃还能补充体力，预防因为缺乏锻炼而引起的骨质疏松。美味好吃又能强身健体，何乐而不为呢？

▌烹饪秘笈

娃娃菜建议用手撕，比用刀切的口感要好。豆腐块煎黄后再炖，不仅不易碎，还能去除豆腥气。

做法

1. 娃娃菜洗净，用手撕下叶子。豆腐洗净，切方块。胡萝卜洗净，去皮，切丁。大葱切碎，海米洗净备用。

2. 猴头菇洗净，去根，切片备用。

3. 坐锅，热锅后倒油，油热后放入豆腐，煎至表面微黄，取出备用。

4. 锅底留油，将葱碎和海米放入，炒香。

5. 将猴头菇、煎豆腐放入后加水至盖过食材，调中火，开盖炖煮。

6. 水烧开后将娃娃菜放入。

7. 加盐、生抽，稍微搅拌均匀后继续炖煮。

8. 待汤汁变浓稠时撒入胡萝卜丁，关火即可。

特色

绿白相间，清甜鲜嫩，这是一道简单易做的可口美味，饭桌上大鱼大肉之余来一口清淡素菜，解油腻，清肠胃。

超 级 下 饭 菜

爆炒萝卜丝

烹饪时间 ⏱ **15min**　　难易程度 ▣ **简单**

营养贴士

"晚吃萝卜早吃姜，不需医生开药方"。当代人大鱼大肉吃多了，需要经常来点素菜清清肠道。萝卜浑身都是宝，多吃可以消积食，除胀气，治疗消化不良。身体轻轻松松，精神才能饱满。

材料		
	白萝卜	半根
	粉丝	80 克
	红尖椒	半个
	绿尖椒	半个
	虾皮	20 克

调料		
	植物油	30 毫升
	盐	1/2 茶匙
	生抽	1/2 汤匙

▌ 烹饪秘笈

白萝卜建议用刀切成丝，不要擦丝，否则影响口感。烹饪这道菜时大火爆炒更可口。

做法

1. 汤锅中加水煮开，将粉丝放入后煮 1 分钟左右，捞出沥水。

2. 将白萝卜洗净，去皮后切丝。红尖椒、绿尖椒洗净，去蒂、籽，切丝。虾皮洗净备用。

3. 坐锅，热锅后倒油，放入虾皮炒香。

4. 将萝卜丝倒入，大火翻炒 1 分钟。

5. 将粉丝和红尖椒、绿尖椒倒入，快速翻炒。

6. 加盐、生抽搅拌均匀，关火即可。

清香开胃不油腻，味道鲜美更清爽，这道经典的鲁式家常菜烹饪极其简单，而且脂肪含量极低，一家老少皆宜吃。

吃一口停不下来

香菇小油菜

烹饪时间 ⏱ **10min**　难易程度 ▣ **简单**

偷懒方向：
省力无需泡发的鲜香菇

这是一道降脂减肥的绝佳菜肴，低卡少热量，色香味俱全，入口清爽脆嫩中带着一股柔滑浓郁，做法虽简单，味道却极为丰富。

材料		
小油菜	200 克
鲜香菇	5 朵
胡萝卜	半根

调料		
植物油	30 毫升
盐	1 茶匙
生抽	1/2 汤匙
蚝油	1/2 汤匙
葱	1 节

营养贴士

香菇含有的氨基酸特别有利于大脑发育，能帮助提升听力，老年人多吃还能延年益寿。除此之外，经常食用香菇的人，皮肤明显要比一般人白皙，所以爱美之人不妨多吃这道香菇小油菜，美容养颜好气色，健脾开胃助消化。

▎烹饪秘笈

开水中放盐后再焯油菜，可最大限度地保留油菜自身的营养，而且色泽会更加好看。

做法

1. 将鲜香菇洗净，去根后切片。小油菜洗净后择去黄叶。胡萝卜洗净，去皮后切片。大葱洗净，切碎备用。
2. 在锅中加水烧开，将小油菜放入，撒 1/2 茶匙盐，焯 1 分钟左右后捞出，沥水备用。
3. 坐锅放油，油热后加入葱碎炒香。
4. 将香菇片放入翻炒，加蚝油、生抽，炒至香菇变软后放入油菜、胡萝卜片，大火翻炒。
5. 加入剩余的盐调味炒匀，关火即可。

第二章

懒人解馋捷径之

无肉不欢

肉食被某些地方的人们称为"硬菜"，让许多人欲罢不能，当然"懒小厨"们也不例外。我不会告诉你一次性把所有排骨等肉肉提前汆煮，然后分装冷冻，这样每次烹煮起来更省事儿；我不会告诉你提前一晚将肉类冷藏腌制，第二天烹制更简单更入味；我不会告诉你把煮锅换成高压锅，炖肉省时更易熟；我不会告诉你做肉时加点酒，去腥其实很简单。再懒也要尽情吃肉，想要能边偷懒边做出下饭又好吃的肉菜，快来学这一章的菜谱吧。

懒人版红烧肉

烹饪时间 **75min**　　难易程度 **简单**

偷懒方向：锅底铺葱姜防粘锅更省心

营养贴士

很多人怕胖，所以"滴肉不沾"，事实上，肉不可多吃，但也不建议不吃。这道香而不腻的红烧肉含有丰富的蛋白质，文火慢炖后对人体有害的脂肪含量大大降低，不但不会引起高血脂，反而能延年益寿，爱美的女士适当食用，还能拥有一副红润好气色。

材料

带皮五花肉 300 克

调料

黄酒	1 瓶	盐	1/2 茶匙
冰糖	2 汤匙	葱	1 根
生抽	2 汤匙	姜	2 块
老抽	1 汤匙		

烹饪秘笈　烹制五花肉时建议加入热水炖煮，因为热的五花肉遇到冷水时肉质会紧缩，口感就大打折扣。

做法

1. 将带皮五花肉洗净，切成 2 厘米见方的小块。
2. 将葱切成小段，留少许葱切碎。姜去皮后切大片。
3. 在锅中加入冷水，放入五花肉块，大火将水煮开。
4. 水开后再煮 3 分钟，关火，将五花肉捞出，洗净。
5. 取一个砂锅，在底层铺上姜片和葱段。
6. 将氽过水的五花肉肉皮朝下放入砂锅。
7. 加入热水、冰糖、生抽、黄酒、老抽、盐，大火炖煮。
8. 大火煮开后调小火慢炖 1 小时，待汤汁浓稠时撒葱花，关火即可。

这道菜堪称爱肉人士的心头好，做法简单，全程只需煮煮煮，吃起来滋味香甜不油腻，入口即化，吃过后令人念念不忘。

香烤五花肉

烹饪时间 **20min**　难易程度 **简单**

偷懒方向：扔进烤箱无需操心

材料

| 五花肉 | 500 克 | 生菜 | 200 克 |

调料

盐	1/2 茶匙	蜂蜜	1 汤匙
胡椒粉	1/2 茶匙	蚝油	1/2 汤匙
生抽	1/2 汤匙	大蒜	5 瓣
辣椒粉	1 茶匙	柠檬	半个

营养贴士

在中国，几乎没有人不喜欢烧烤，尤其是到了夏天，大街小巷，美味飘香，下班路上被引诱地恨不得先吃上两串再回家。烧烤虽好，但不宜多吃，如果实在想解馋，不妨自己在家做做这道香烤五花肉，搭配生菜和柠檬食用，能在一饱口腹之欲的同时适当解解油腻，既享受了美味，又不必担心食品安全问题。

烹饪秘笈

柠檬是这道菜的秘密武器，在腌制五花肉时建议挤入适量柠檬汁，可使肉质清爽不油腻。

做法

1. 将五花肉洗净，切成小长块备用。
2. 大蒜剥皮后切碎，柠檬洗净后切片，生菜洗净。
3. 在碗中放入五花肉、大蒜碎和柠檬片，加盐、胡椒粉、生抽、辣椒粉、蜂蜜、蚝油，搅拌均匀。
4. 盖上保鲜膜，放入冰箱冷藏 2 小时入味。
5. 烤箱预热 200℃。
6. 将腌好的五花肉及柠檬片一起放在烤架上。
7. 将烤架放入烤箱，以 200℃烤 15 分钟后出炉，将肉摆在生菜上即可。

五花肉红白相间，肥瘦相间，搭配
生菜食用，入口香而不腻。更重要
的是，这道菜简单易学，一台烤箱
在手，轻轻松松搞定。

港剧里的必备菜肴

家常咕咾肉

烹饪时间 ⏱ **45**min 难易程度 ☰ **简单**

材料

里脊肉	500 克
菠萝	300 克
熟青豆	20 克

调料

盐	1/2 茶匙	生粉	1 汤匙
植物油	50 毫升	番茄酱	20 克
生抽	1/2 汤匙	鸡蛋	1 个
白糖	2 茶匙	料酒	1 汤匙

营养贴士

看过徐克电影《满汉全席》的人一定对咕咾肉不陌生，因为里面有一道经典粤菜——"水晶咕咾肉"，之所以起这个名字，是因为这道菜表面挂了一层像水晶般晶莹透亮的糖醋汁。其实这道菜在港粤地区还挺家常的，是很多人的童年记忆，不但颜值高，而且味道酸甜特别可口，加了菠萝块和青豆，还可以健胃消食，增强营养。家长们不妨经常做来给孩子吃，有助于他们生长发育。

▌烹饪秘笈

建议里脊肉切小些，比较容易入味。腌制肉条时加少许鸡蛋清，可以使肉质更加鲜嫩。

做法

1. 将里脊肉冲洗一下，切成条。菠萝去皮，切小块备用。
2. 在碗中放入里脊肉、料酒、蛋清和一半盐腌 20 分钟。
3. 另取一只碗，放入生粉。
4. 把里脊肉放入生粉碗里，均匀裹上生粉。
5. 坐锅，锅热后加入油。
6. 油烧至八成热后将里脊肉放入，炸至金黄色时捞出。
7. 在锅中留少许油，开中火，放入番茄酱、生抽、白糖和剩余的盐，翻炒出汁。
8. 加入炸好的里脊肉条和菠萝块、熟青豆翻炒，上色均匀后关火即可。

真真正正国民菜

糖醋排骨

烹饪时间 🕐 **60min**　　难易程度 ▨ **高级**

营养贴士

很多北方人吃不习惯江浙口味的菜，觉得不是甜腻就是清淡，但这道糖醋排骨倒是例外，味道酸甜香嫩，吃起来让人食欲大开，搭配生菜食用，甜而不腻，比较适合那些不喜欢油腻但又需要补钙的人。小孩子也可以多吃，这道菜的口味一定会极受他们喜欢，常吃还能强身健体，有助于长个儿。

材料

排骨	500 克	生菜	100 克

调料

植物油	100 毫升	红烧酱油	1 汤匙
盐	1 茶匙	八角	3 个
冰糖	20 克	熟白芝麻	20 克
醋	1 汤匙	姜	2 块
白酒	1 汤匙	料酒	1 汤匙

▎烹饪秘笈

排骨建议选小肋排，口感最为鲜嫩。生的白芝麻一定要用文火炒一下，炒至能闻到香味即可。

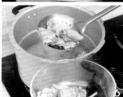

做法

1. 将排骨洗净，姜切片，生菜洗净沥干备用。
2. 在锅中加入排骨和冷水，大火烧开。
3. 水开后继续煮 3 分钟，关火，将排骨捞出洗净。
4. 将排骨放入高压锅中，加入料酒、部分姜片和适量水。
5. 大火将水烧开后调小火，焖 15 分钟即可关火。
6. 将煮好的排骨捞出，沥水。
7. 坐锅，开大火放油，油热后加冰糖炒糖色。
8. 将排骨、姜片、盐、八角、醋、白酒、红烧酱油放入，继续翻炒。
9. 待排骨均匀上色后撒上熟的白芝麻，盛入铺了生菜的盘中可。

特色

中国各大菜系中都有这道国民菜，口味不尽相同，但基本是香甜脆口的，可用来开胃。其肉质鲜嫩，色泽红亮，是典型的糖醋味型菜。

软糯猪蹄哪里跑

凉拌猪蹄冻

烹饪时间 🕐 **40**min　难易程度 ▦ **高级**

材料

| 猪蹄 | 2 个 |
| 花生 | 300 克 |

调料

盐	1 茶匙	红辣椒	1 个
醋	1 汤匙	姜	1 块
料酒	2 汤匙	桂皮	1 块
生抽	1 汤匙	八角	3 粒
大蒜	5 瓣	小茴香粉	1 茶匙

营养贴士

以前不爱吃猪脚，总觉得众目睽睽之下吃相不太好看。但自从学会了凉拌猪蹄冻这道菜后，每次家里来客人，我都会先切一盘上桌，弹性十足的口感赢得了不少朋友的称赞，尤其是女性朋友，她们觉得这道菜一来脂肪含量低，吃多点也不怕发胖；二来猪蹄里面有丰富的胶原蛋白，可以使皮肤紧致，富有光泽和弹性；三来猪蹄搭配花生还能抗衰老，可谓一举多得。

🔖 烹饪秘笈

烹饪猪蹄过程中，建议每次煮猪蹄时都要撇一下油脂，否则影响口感。熬制好的肉汤最好自然冷却后再入冰箱，这样不容易滋生细菌，易于保存。

做法

1. 将猪蹄洗净，剁成小块。花生洗净，沥干。大蒜剥皮，捣成泥。辣椒切碎，姜切片备用。
2. 锅中放入冷水和猪蹄，大火煮开，水开后继续煮 3 分钟，捞出猪蹄洗净。
3. 取一个高压锅，放入猪蹄和花生、姜片、桂皮、八角、小茴香粉和 1/2 茶匙盐，倒入料酒。
4. 在高压锅中加水至刚刚没过猪蹄，盖上锅盖，大火烧开后转小火。
5. 开锅 15 分钟后关火，等气放完后揭开锅盖，撇去油脂，捞出猪蹄。
6. 将猪蹄剔除骨头，把肉再放回高压锅里，中火煮到汤汁浓稠，连汤一起盛至碗中。
7. 待自然冷却后盖上保鲜膜，放入冰箱冷藏过夜即成猪蹄冻。
8. 做好的猪蹄冻切小块，将蒜泥、辣椒碎、醋、生抽和剩余的盐调成蘸汁儿，淋在猪蹄冻上即可。

这道菜是鲁菜中的招牌凉菜之一，猪蹄筋道弹牙，清凉鲜美，搭配花生一起凉拌，更是滋味丰富，口感脆爽，用来下酒再好不过。

偷懒方向：
高压锅快煮事半功倍

秘制酱牛肉

烹饪时间 **120min**　　难易程度 **高级**

偷懒方向：酱牛肉冷冻易保存

营养贴士

相较于南方人，北方人更爱吃肉，主要原因在于天气。凛冽寒冬，唯有吃肉才能补充足够的热量，增强抵抗力。在众多肉类中，牛肉是驱寒的首选，含有特别多的容易被人体吸收的优质蛋白质，常吃可以滋养脾胃，强健筋骨，是一道暖胃进补的佳品。

材料

牛腱子肉	500 克

调料

盐	1/2 茶匙	香叶	2 片
生抽	60 毫升	八角	10 克
冰糖	20 克	干辣椒	3 个
腐乳汁	1 汤匙	大蒜	3 瓣
豆瓣酱	1 汤匙	姜	1 块
白酒	2 汤匙		

烹饪秘笈　腌制牛腱子肉时建议放入冰箱冷藏，低温更入味。炖煮时两煮两焖不可偷懒，这样才能让牛肉彻底熟透，入口软香，烂而不散。

做法

1. 将牛腱子肉洗净，在冷水中浸泡 30 分钟。
2. 将浸泡出血水的牛腱子肉捞出后再次洗净，大蒜剥皮切片，姜洗净切片，干辣椒洗净备用。
3. 将牛腱子肉放入碗中，倒入生抽抹匀，放入一半的姜片。
4. 盖上保鲜膜，放入冰箱冷藏腌制 2 小时。
5. 将腌好的牛腱子肉连料一起倒入砂锅中，加入干辣椒、蒜片、八角、香叶、冰糖、盐、腐乳汁、豆瓣酱、白酒和剩余姜片，倒入适量水，大火烧开。
6. 撇去浮沫，小火炖煮至肉烂，关火焖 1 个小时
7. 再次开火，煮约 40 分钟后关火，放凉。
8. 将煮好的牛腱子肉捞出，放入冰箱冷藏，吃的时候拿出来切片，盛盘即可。

✿ 特色

在外吃过很多的酱肉，都没有妈妈做的味道好，而妈妈做的酱肉浓郁飘香、鲜味丰厚的秘密就在于烹饪的细节，方法其实不复杂，自己动手试试看吧。

茄汁烧牛腩

烹饪时间 ⏱ **120min**　　难易程度 📊 **高级**

营养贴士

每周五天朝九晚六的生活，很多人三餐以外卖为主，所以到了周末，胃口普遍都不太好，这时候不妨来点酸口菜提升一下食欲。这道茄汁烧牛腩汤汁浓郁，口感丰富，多吃牛肉还能缓解疲劳，补充体力，番茄里的有机酸也有着很好的调理胃肠的效果。

材料

牛腩	500 克	胡萝卜	1 根
番茄	2 个	土豆	1 个

调料

植物油	50 毫升	干山楂	5 片
盐	1 茶匙	蚝油	1 汤匙
生抽	1 汤匙	冰糖	10 克
胡椒粉	1/2 茶匙	葱	1 段
姜	1 块	干辣椒	1 个
料酒	2 汤匙	香菜	1 棵

烹饪秘笈

牛肉焯水时建议冷水下锅，牛肉会更易软烂；番茄顶部划十字刀后用热水烫一下，剥去皮后再打酱汁，口感更醇厚浓郁。

做法

1. 将牛腩洗净后切小块，干辣椒、葱切碎，姜切片。香菜洗净，切小段备用。

2. 将番茄、胡萝卜、土豆洗净，去皮切块。

3. 将番茄块放入搅拌机中打成汁备用。

4. 将冷水和牛腩块一起放入锅中，水开后继续煮 3 分钟，关火，捞出牛肉洗净。

5. 砂锅放植物油烧热，下葱和一半的姜炒香，放入胡萝卜和土豆翻炒。

6. 加温水，将牛腩放入，加入干辣椒、番茄汁、干山楂片和剩余姜片，调入盐、胡椒粉、冰糖、蚝油、料酒、生抽等调味。

7. 大火烧开后转小火，继续炖煮 90 分钟。

8. 在炖好的牛肉上撒香菜段，出锅即可。

番茄浓郁，牛腩软嫩，两者搭配色泽鲜艳，吃起来更是酸鲜可口，清爽不油腻，是一道特别适合家庭聚会的半汤半菜的开胃菜。

急性子的心头爱

三分熟牛排

**偷懒方向：
牛排一煎就熟**

肉质鲜嫩多汁，制作迅速，无须腌制，简单省时间，上班族作为早餐都来得及。

材料	牛上脑肉排	2 块
	生菜叶	100 克

调料	盐	1/2 茶匙
	黄油	1 小块
	黑胡椒酱	1 汤匙

营养贴士

很多人喜欢吃西餐，不仅因为其简单省时，还因其营养丰富。鲜嫩牛排中含有人体所必需的很多种氨基酸，能够被充分吸收，故有"吃一块牛肉，满足一天营养需求"的说法；另外多吃牛肉还可以增肌健体，减肥塑身，想减肥或者增肌的读者朋友，不妨把它当作主食食用。

烹饪秘笈　煎牛排时先用大火再用小火，时间不宜过长，否则肉质变老，变得紧绷，影响口感。

做法

1. 牛上脑肉排洗净，生菜叶洗净控干。
2. 牛排放在案板上，用刀背正反面都拍打一下，让牛排肉松弛。
3. 取平底锅，用中小火热锅，放入黄油块。
4. 待黄油熔化后将牛排放入，大火煎至呈深褐色，转小火。
5. 牛排两面均匀撒上盐，各煎 90 秒左右。
6. 关火，将牛排放至摆好生菜叶的盘中，淋上黑胡椒酱即可。

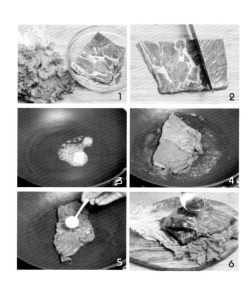

烹饪时间 **10min**　　难易程度 **中级**

一道好菜，应色香味俱全。这道菜中的蹄筋弹韧柔滑，挑逗味蕾；造型如花朵，色泽红绿相衬，取悦双目；尝一口醇香鲜嫩，直抵心脾。

懂行的"吃货"都好色

葱烧牛蹄花

材料		
半成品牛蹄筋	400	克
油菜	6	棵

调料		
植物油	50	毫升
盐	1	茶匙
生抽	1	汤匙
葱	1	节
干辣椒	1	个

营养贴士

俗话说"牛蹄筋，味道赛过参"，这道历史悠久的名菜淡嫩不腻，尝起来质地犹如海参一般。事实上，它不光口感跟海参一样鲜美，营养也不亚于海参。多吃牛蹄筋可以益气补虚，温中暖胃，补充体力。中医认为吃啥补啥，要想健步如飞体壮如牛，多吃点牛蹄筋试试？

烹饪秘笈

用淡盐水焯油菜可以保持其原来的油亮色泽。盐不需要放太多，1茶匙即可。

做法

1. 将油菜洗净，择去黄叶。葱切成葱碎。
2. 在锅中加水和1/2茶匙盐，水开后放入油菜，焯1分钟左右，捞出沥净水，摆盘。
3. 起锅，锅热后倒入植物油，油热后将干辣椒和部分葱碎放入炒香。
4. 加入半成品牛蹄筋爆炒3分钟左右。
5. 加入生抽和剩余的盐炒匀后关火，盛盘，将剩余葱碎撒上即可。

正宗地道老北京味儿

葱爆羊肉卷

烹饪时间 ◎ **20**min　　难易程度 ▣ **简单**

营养贴士

帝都的菜向来精致细腻，这道葱爆羊肉卷亦是如此，不但美味，而且营养全面。选取羊肉最细嫩的部分，脂肪含量低，易消化，加入大葱、洋葱、辣椒，正好中和羊肉的膻味，而且大葱、洋葱还能杀菌消炎。天冷的时候食用这道菜，可防寒温补，强壮祛疾。

材料			
羊肉卷	300 克	青辣椒	半个
大葱	2 根	红辣椒	半个
洋葱	半个		

调料	
植物油	50 毫升
盐	1/2 茶匙
生抽	1 汤匙
蚝油	1 汤匙

▍烹饪秘笈

羊肉卷可以先热水汆一下去膻味儿。大葱要选稍微细些的，炒的时候必须炒透，葱香才能完全发散出来，羊肉才入味。

做法

1. 将洋葱剥去干皮后切块。大葱洗净后取葱白，滚刀切长段。

2. 将青辣椒和红辣椒洗净，去蒂、籽后切丝备用。

3. 坐锅，热锅后倒油，油热时将羊肉卷下锅，快速翻炒，待羊肉微变色后盛出。

4. 将洋葱、大葱下锅翻炒至飘香，然后将羊肉卷、红辣椒、青辣椒一起下锅。

5. 加入盐、生抽、蚝油炒匀，翻炒至羊肉完全变色，关火出锅即可。

火候是这道菜成败的关键，只有猛火爆炒，才能做到羊肉滑嫩，葱香入味，食后回味无穷。

专属于中原人的气质美食

红焖羊肉块

烹饪时间 **60min**　难易程度 **简单**

偷懒方向：山楂让肉更易熟

营养贴士

相较于男性来说，女性更应该多吃些羊肉，因为女性体质属阴，火力没有男性大，天生惧冷，多吃羊肉正好可以补阳暖身，增强免疫力。红焖羊肉这道菜便是一道补元阳、益气血的滋补上品，其对寒暑侵袭、冷热不均、四肢无力、产后病后虚弱都有着很好的补养效果，一到冬天手脚就冰凉的女孩不妨多吃羊肉，增加阳气。

材料

羊肉	500 克	胡萝卜	1 根

调料

植物油	100 毫升	八角	10 克
盐	1 茶匙	桂皮	1 块
冰糖	10 克	香菜	10 克
生抽	2 汤匙	大蒜	3 瓣
红烧酱油	2 汤匙	葱	1 节
料酒	2 汤匙	姜	1 块
干山楂	4 片		

> **烹饪秘笈** 这道菜对羊肉的要求比较高，一定要取鲜嫩部位制作，这样的羊肉才能越焖越爽口。

做法

1. 将羊肉洗净后切块。胡萝卜洗净去皮，切成滚刀块。葱切碎，姜切片，大蒜切片。香菜洗净，切小段备用。

2. 在锅中放入清水和羊肉，大火煮开，再煮 2 分钟左右后捞出羊肉，洗净并沥干水。

3. 起锅置于大火上，锅热后倒油，油至八成热时放入姜片、蒜片和部分葱碎炒香。

4. 加入羊肉块、料酒、生抽、红烧酱油、冰糖、盐，大火翻炒。

5. 将炒好的羊肉倒入砂锅中，加水盖过羊肉，放入干山楂片、八角、桂皮。

6. 大火烧开后撇去浮沫，转小火慢焖。

7. 炖 1 小时后加入胡萝卜块，继续焖至肉烂，关火。

8. 出锅后将香菜段和剩余葱碎撒在羊肉上即可。

"上口筋，筋而酥，酥而烂，一口吃到爽"，说的就是红焖羊肉。这道源于河南的美食，以其肉嫩、味鲜、汤醇、价廉而深受各地食客好评，在家做一做，家人一定赞不绝口。

新疆风味的下酒菜

孜然小羊排

烹饪时间 **120**min　　难易程度 **高级**

材料

小羊排	500 克
小土豆	1 个
西蓝花	30 克

调料

盐	1/2 茶匙	食用油	30 毫升
胡椒粉	1 茶匙	葱	1 节
辣椒粉	2 茶匙	姜	1 块
孜然粉	2 茶匙	料酒	1 汤匙

营养贴士

一方水土养一方人，江南鱼米之乡出美女，西北高原多壮汉。除了牛肉之外，能够抵御寒冷、补充热量的就属羊肉了。天气寒冷的时候吃羊肉，不仅可以增加人体热量，抗寒驱寒，还能促进消化，提升食欲。除此之外，羊肉还有抗衰老的效果，经常食用羊肉的人，比较长寿。

烹饪秘笈 建议羊排先用冷水浸泡，可去羊膻味儿。煎制羊排时尽量将油脂煎干，这样吃起来会更香。

做法

1. 将羊排洗净，切成长块，放入冷水中浸泡 20 分钟去血水。

2. 葱洗净切段，姜洗净后切片，土豆去皮切片。

3. 将西蓝花洗净，下开水锅焯 1 分钟左右，捞出沥净水，摆盘备用。

4. 将羊排和姜片、料酒、葱段等一起入锅，加冷水，大火慢炖。

5. 炖至肉烂时撇除浮沫，转小火，继续煮 20 分钟，捞出沥干。

6. 取平底锅，置于中小火上，锅热倒油，油热后将羊排、土豆片放入锅中慢煎。

7. 边煎边撒上胡椒粉、辣椒粉、孜然粉、盐调味。

8. 煎至羊排和土豆片两面金黄时取出，放入摆西蓝花的盘中即可。

❀ 特色

没什么比羊排更下酒了。这道孜然
羊排外焦里嫩，咸香微辣，孜然香浓，
咬一口嚼劲十足，正宗的新疆风味。

偷懒方向：
多配制一些粉类腌料可多次使用

无巧不成美味

可乐烧鸡翅

烹饪时间 **40**min　难易程度 ■ 简单

偷懒方向：鸡翅简单划口易入味

材料

| 鸡翅 | 500 克 |
| 圣女果 | 50 克 |

调料

可乐	1 听	洋葱	半个
生抽	1 汤匙	葱	1 节
盐	1/2 茶匙	姜	1 块
料酒	1 汤匙		

营养贴士

现代人整天对着手机和电脑，眼睛经常处于过度使用状态。这道以鸡翅为主食材的可乐鸡翅，不但吃起来味道鲜美，而且可以缓解眼睛疲劳。除此之外，鸡翅中含有大量的维生素 A，也有助于骨骼的生长发育。不过因为鸡肉含脂肪较多，易导致肥胖，减肥人士要适当节制。

> 烹饪秘笈
>
> 鸡翅可以在烹饪之前用料酒和老抽腌制 2 小时，更入味；大火汆过的鸡翅，再用冷水冲过后，鸡皮的口感会更爽脆。

做法

1. 将鸡翅洗净，正面划三道口子。
2. 洋葱剥去干皮后切条。葱部分切段，部分切碎。姜切片。圣女果洗净，一切两半备用。
3. 在锅中加入鸡翅和冷水，大火烧开。
4. 水开后继续煮 3 分钟，关火，将焯好的鸡翅捞出沥水。
5. 在锅中加入鸡翅、可乐、葱段、姜片、洋葱条、生抽、盐、料酒，再加入清水至盖过鸡翅。
6. 开大火煮，煮开后调小火继续焖煮。
7. 待汤汁变浓稠时关火，盛盘。
8. 在鸡翅上撒上葱碎，旁边放圣女果装饰即可。

✿ 特色

据说这道菜源于餐厅的偶然失误，打翻的可乐让鸡翅的色泽更为鲜亮红润，特殊的香气和口感更是让鸡翅尝起来咸甜适中，一经传开，即成经典。

73

舌尖上的网红凉菜

红油拌鸡丝

烹饪时间 ⏱ **30**min   难易程度 ▨ **简单**

营养贴士

快节奏的生活让人疲惫，一旦精力不足的时候，就很容易忘事。这道菜以鸡胸肉为主食材，经常食用可以补充气力，缓解疲劳，其含有的磷脂类物质，对营养不良、畏寒怕冷都有很好的食疗作用。另外，鸡胸肉富含的咪唑二肽，还具有改善记忆功能的作用，多吃能让人精力集中不忘事。

材料

鸡胸肉	200 克	洋葱	半个
黄瓜	半根		

调料

盐	1/2 茶匙	红辣椒	1 个
白糖	1/2 茶匙	大蒜	3 瓣
生抽	1/2 汤匙	米醋	1 汤匙
辣椒油	1 茶匙	香菜	1 棵

▌烹饪秘笈

煮鸡胸肉时在水中加入适量的盐，中火煮沸，转小火煮使其断生，口感更鲜嫩。

做法

1. 将鸡胸肉洗净，黄瓜洗净切丝，红辣椒切碎，洋葱剥去干皮后切丝，香菜洗净切小段，大蒜剥皮后捣蒜泥。
2. 在锅中加入鸡胸肉和冷水煮开，水开后改大火，继续煮至鸡胸肉熟烂，捞出。
3. 在碗中放入蒜泥、盐、红辣椒、白糖、生抽、米醋、辣椒油，调制红油汁。
4. 将凉透的鸡胸肉撕成丝儿，放入碗中。
5. 在鸡肉丝碗中加入黄瓜丝和洋葱丝。
6. 倒入红油汁搅拌均匀，撒上香菜段即可。

大海的味道我知道

香煎三文鱼

烹饪时间 ● **30**min　难易程度 ▣ **简单**

营养贴士

在众多名贵海鱼中，三文鱼算是比较平民的贵族鱼类了。很多北欧国家的女性特别爱吃三文鱼，主要原因在于它含有丰富的微量元素，不但可以减少患癌的风险，多吃还能起到预防皱纹的作用。除此之外，多吃三文鱼还能清除血液中的毒素，保护血管，辅助治疗心血管疾病和老年痴呆症，老人经常食用还能预防中风。

材料

| 三文鱼 | 1 块（300 克） | 芦笋 | 2 个 |
| 秋葵 | 4 个 | 彩椒 | 半个 |

调料

黄油	1 块
盐	1/2 茶匙
黑胡椒粉	少许

烹饪秘笈

如果想吃到更为鲜嫩的口感，可将芦笋和秋葵用热水焯一下后直接食用。如果有柠檬，可切片摆盘，搭配食用，味道更好。

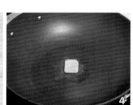

做法

1. 将三文鱼洗净，用厨房纸巾吸干表面。
2. 将秋葵洗净，切成长 1 厘米左右的小段。
3. 芦笋洗净，去掉硬根部分备用。彩椒洗净后去蒂、籽，切丝。
4. 取平底锅，置于中火上，放入黄油。
5. 待黄油化开后将三文鱼、芦笋、秋葵、彩椒放入煎炒。
6. 待三文鱼两面煎至变色后均匀撒盐，关火。
7. 将三文鱼、芦笋、秋葵、彩椒装盘，撒上黑胡椒粉即可。

原汁原味压桌鲜

清蒸豆豉鱼

烹饪时间 ⏱ **30min**　难易程度 ▣ **简单**

营养贴士

范仲淹的名句"江上往来人，但爱鲈鱼美"流传千古。西晋张翰因思念家乡的莼菜和鲈鱼而弃官还乡，并留下《思吴江歌》"秋风起兮佳景时，吴江水兮鲈鱼肥"的佳篇。这被传为美谈的"莼鲈之思"佐证了清蒸鲈鱼的鲜美。其实这道菜不但味道让人回味无穷，营养也极为丰富，经常食用可以很好地补肝肾、健脾胃，女士在哺乳期吃鲈鱼还可通乳养身，且不会导致肥胖。

材料

鲈鱼	1 条

调料

植物油	100 毫升	葱	1 根
盐	1/2 茶匙	姜	2 块
豆豉酱	2 汤匙	红辣椒	5 个
花椒	10 克		

> **烹饪秘笈**
> 鲈鱼洗净后一定要去除肚皮内的黑膜，否则影响口感。葱、姜切丝，先涂抹鱼全身，再把葱姜丝藏在鱼肚之内，也可去除鱼腥味儿。

做法

1. 将鲈鱼去鳃和内脏，洗净血水。

2. 在鲈鱼鱼身两面各划三刀，以便入味。

3. 将盐均匀涂抹在鲈鱼身上，腌制 5 分钟。

4. 将葱切丝，姜切丝备用。

5. 将红辣椒切碎，和花椒一起放入碗里备用。

6. 将鲈鱼放入盘中，浇上豆豉酱，把葱丝、姜丝铺在表面。

7. 蒸锅置于大火上，将鱼放锅里，隔水蒸 7 分钟左右。

8. 将蒸好的鱼拿出，去掉蒸软的葱姜丝，换上新鲜的葱姜丝。

9. 坐锅放油烧热，趁热倒入放辣椒碎和花椒的碗里，制成麻辣油，泼在鱼身的葱姜丝上即可。

特色

自古至今，文人皆爱鲈鱼美。这道
菜中鱼肉细嫩鲜香，豆豉味浓适口，
搭配起来能健脾开胃，佐酒助餐更
为尽兴。

北欧餐桌上的营养师

酥炸鳕鱼排

烹饪时间 **30**min　　难易程度 **中级**

营养贴士

经常在美式快餐店听到孩子们点这个菜，鲜嫩的口感，较少的鱼刺，也让它成了很多妈妈的必学菜肴。鳕鱼营养很丰富，脂肪含量低，自身含有的多种维生素和氨基酸，很容易被人体消化、吸收，孩子多吃一些也不会发胖，还能促进骨骼发育，对于那些胖宝宝的家长来说，这是个很好的选择。

材料

鳕鱼排	200 克	紫甘蓝	2 叶
圣女果	5 个	芝麻菜	3 株

调料

植物油	50 毫升	沙拉酱	2 汤匙
盐	1/2 茶匙	生粉	2 汤匙

烹饪秘笈

如果希望鳕鱼煎炸时更上色，可在洗净后放在搅匀的蛋液里滚一下，再裹上生粉后煎炸。

做法

1. 将圣女果洗净后一切两半，紫甘蓝洗净切丝。芝麻菜洗净，切小段备用。
2. 将鳕鱼排洗净，用厨房纸巾吸干表面的水。
3. 在碗里放入生粉，将鳕鱼放入，表面均匀裹上一层生粉。
4. 炒锅中加油，油热后将鳕鱼放入锅中，用中火煎制。
5. 待鳕鱼两面均变成金黄色后表面均匀撒上盐，取出。
6. 将圣女果、紫甘蓝、芝麻菜、沙拉酱放碗中搅拌均匀，装点在鳕鱼旁即可。

这道菜无刺无骨，肉质软嫩细腻，味道清淡鲜美，酥炸过的鳕鱼薄脆香鲜，搭配颜色丰富的配菜，更是颜值爆表，尤其适合宝宝和老人食用。

小饭桌上的鲜之鲜

滑蛋炒虾仁

烹饪时间 ⏱ **15**min　　难易程度 ▣ **简单**

材料		调料	
虾	300 克	植物油	30 毫升
鸡蛋	2 个	盐	1/2 茶匙
韭菜	20 克		

营养贴士

每逢佳节，很多人会选择买些鸡蛋去看望家中老人，下次不妨顺便买点儿鲜虾或者虾仁。软软嫩嫩的滑蛋炒虾仁，质地酥松容易消化，特别适合用来给老人补充营养，它可以为身体提供优质蛋白质和丰富的维生素，补钙的同时还能有效预防骨质疏松症等。

▍烹饪秘笈

在鸡蛋液中加入浓一些的水淀粉，可以让炒鸡蛋更为蓬松爽滑。虾仁用蛋清、淀粉上浆后炒出来会很滑嫩。

做法

1. 将虾剥皮，剔除虾线后洗净。
2. 将韭菜清洗后择净，切小段备用。
3. 在放虾仁的碗里打入鸡蛋，加盐，用筷子打散搅匀。
4. 坐锅，倒入油烧热，将虾仁鸡蛋液放入，快速翻炒。
5. 待虾仁炒至变色后放入韭菜，继续翻炒。
6. 待韭菜炒软后加盐炒匀，关火出锅即可。

这虽是道粤菜，但家家都能做，无须太多用料，只需顺序正确，便可烹制出最浓郁的自然原鲜，看似家常，却是上品。

酒不醉人菜醉人

酒香炒鲜虾

烹饪时间 ⏱ **30**min　　难易程度 🔪 **简单**

营养贴士

即便是不喜欢吃海鲜的人，也会对虾情有独钟。每到开捕季，市场上活蹦乱跳的鲜虾总让人忍不住流口水。虾肉肉质酥软，极易被消化，老人和孩子食用也毫无负担。另外，虾肉营养丰富，含有多种微量元素，可减少血液中的胆固醇，如果家中老人有"三高"，不妨常吃这道菜，可以有效防止动脉硬化，还具有开胃化痰、缓解身体疼痛的效果。

材料

虾	500 克

调料

植物油	50 毫升	白糖	1 茶匙
白酒	2 汤匙	红辣椒	3 个
盐	1/2 茶匙	香菜	1 棵
生抽	1/2 汤匙	花椒	5 粒

烹饪秘笈　鲜虾最好选用大个的基围虾，外皮薄厚适宜，正好入味。白酒可用啤酒代替，能有效去除虾肉的腥味。

做法

1. 将虾洗净，在背部切一刀，去虾线。
2. 将辣椒洗净后切碎。将香菜洗净，切小段备用。
3. 炒锅烧热后倒油，油八成热时将辣椒碎、花椒放入炒香。
4. 下鲜虾，大火快速翻炒，炒至虾微微变色，加白酒、盐、生抽、白糖炒匀。
5. 待虾全部变色后撒上香菜，关火出锅。

鲜嫩美味，外壳酥脆，酒香四溢，出锅瞬间便让人直流口水。连皮一起入口，好吃到爆。

似蟹非蟹，好吃不贵

麻辣蟹肉棒

偷懒方向：
成品蟹肉棒简单美味

简单易做是这道菜最大的特色。蟹肉棒里无蟹却有蟹味，肉质紧实有韧劲，咸中略带鲜甜，吃不到螃蟹的时节可以来点解解馋。

材料		
蟹肉棒	1 包
干辣椒	3 个
青椒	半个

调料		
植物油	50 毫升
盐	1/2 茶匙
生抽	1 汤匙
葱	1 节

营养贴士

一般来说，二次加工的食材都不太健康，虽然美味但还是得少吃，偶尔解解馋就可以了。不过这道麻辣蟹肉棒倒是可以多尝尝，它以多种海水鱼或淡水鱼的鱼糜为原料加工制成，有着高蛋白、低脂肪的优点，吃了不容易发胖，适合减肥人士，如果天然食材吃腻了，想换个口味，可以将其作为备选食材。

▌烹饪秘笈

蟹肉棒是一种后加工的食品，自身会带有一定的咸度，所以烹饪过程中盐要适当减量。

做法

1. 干辣椒洗净，切丝。青椒洗净，去蒂、籽，切丝。葱切成小段，备用。

2. 蟹肉棒从包装中取出，洗净。

3. 炒锅烧热后倒入油，油温八成热时将葱、干辣椒丝、青椒丝放入爆炒。

4. 炒香后将蟹肉棒加入，中火快速翻炒，待蟹肉棒变色后加盐、生抽炒匀。

5. 翻炒 30 秒左右，关火出锅即可。

迅捷搞定一餐 之

优享美味哲学

荤素搭配的菜品，一定是餐桌上不可或缺的"扛把子"。对于"懒人"来说，有荤有素的一道菜即可搞定一餐，吃起来照样可以既丰富又满足。省时、省力、营养的快手美味，简直非它莫属啦。如何快速搞定这样的"懒人菜"，当然有很多小心机哦，比如一次性煎好许多肉丸，分装冷冻，无论做汤还是熬炒，拿出使用即可，绝对是"懒人"妙招；家中多备一些培根、腊肉、香肠等，拿菜轻松炒一下，或者直接扔烤箱，也是下饭美味；尽量避免高温油炸，采用直接炖煮的烹饪方式，让做饭变得更健康更简单。话不多说，一起来感受化繁为简的美妙吧。

这才是熟悉的家常味道

小土豆烧肉

烹饪时间 ◉ **40**min　　难易程度 ▣ **高级**

材料

| 猪肉 | 500 克 | 胡萝卜 | 半根 |
| 土豆 | 2 个 | | |

调料

植物油	50 毫升	白醋	1 汤匙
盐	1/2 茶匙	八角	3 个
生抽	1/2 汤匙	香菜	1 棵
红烧酱油	1/2 汤匙	姜	1 块

营养贴士

红烧肉是老人和孩子的最爱，有着浓郁软糯的口感，嚼起来不费劲，搭配新鲜土豆一起烧，味道鲜美不油腻。在寒冷的冬天热热乎乎地吃下肚，全身都暖和了。

烹饪秘笈：烹饪过程中建议不要过早放盐，否则五花肉会失去水分，影响口感。煮肉时最好用热水，否则肉会变硬。

做法

1. 将猪肉洗净后切小块。

2. 土豆、胡萝卜去皮后洗净，切成滚刀块。姜切片，香菜洗净切碎。

3. 坐锅，倒油，油热后加姜片、八角爆锅。

4. 将猪肉块倒入，加生抽、红烧酱油、白醋继续翻炒。

5. 加热水盖过肉块，大火煮开。

6. 加入土豆块、胡萝卜块、盐，继续焖煮。

7. 待猪肉和土豆块熟透、汁水浓稠时关火，撒上香菜碎即可。

想吃红烧肉却总怕油腻，不妨加点
小土豆试试。土豆绵软入味，肉块
香醇而不腻，浓郁汤汁拌米饭，让
你胃口大开，吃得停不下来。

鱼香茄盒

无鱼胜似有鱼

烹饪时间 **30min** 难易程度 **中级**

营养贴士

茄子做不好特别难吃，做得好则胜过万千美味。这道鱼香茄盒虽没鱼但却有着鱼味的鲜香，而且茄子和鲜肉彼此融合，口感更细嫩。常吃这道菜，可以软化血管，减少血液中的胆固醇，延缓衰老，同时还能促进伤口愈合，防止出血。

材料

| 茄子 | 2个 | 肉馅 | 150克 |

调料

植物油	100毫升	辣椒	1个
盐	1茶匙	香菜	1棵
醋	1汤匙	姜	1块
料酒	1汤匙	葱	1节
生抽	1/2汤匙	生粉	2汤匙
葱	1节	白糖	1/2茶匙
蒜	3瓣	水淀粉	100毫升

烹饪秘笈

切好的茄子可放在盐水中浸泡一会儿，这样不会变黑。炸制时建议在锅中多放点儿油，炸出来的茄盒又香又酥不软塌，还不容易炸煳。

做法

1. 将茄子洗净，切成厚1厘米左右的大圆片。
2. 将姜切成末儿，葱切碎，蒜切成片，辣椒切碎，香菜洗净切末。
3. 在肉馅中加入葱碎和部分姜末，调入料酒、生抽和一半的盐拌匀，腌制15分钟。
4. 将茄子片铺平后放入腌好的肉馅，盖上另一个茄片，稍微压紧。
5. 在碗中放入生粉，放入茄盒均匀裹上生粉。
6. 在平底锅中倒油烧热，将茄盒放入，炸至两面金黄色，捞出控油。
7. 锅中留少许油，下入蒜片、辣椒和剩余姜末炒香。
8. 加入醋、白糖和剩余的盐搅匀，再加入水淀粉勾芡，煮开，即成鱼香汁。
9. 将鱼香汁浇在炸好的茄盒上，撒上葱花即可。

其实这道菜不难，就是有点烦琐，但吃到嘴里的那刻，你会发现所有的付出都是值得的：茄盒金黄酥脆，鱼香汁酸甜香浓，既解油腻又增食欲。

谁说路边摊没有营养

煎肉丸炒菠菜

烹饪时间 **30**min　　难易程度 **简单**

偷懒方向：煎肉丸冷冻易保存

营养贴士

菠菜茎叶柔软滑嫩、味美色鲜，含有丰富的
维生素C、胡萝卜素以及铁、钙、磷等矿物质，
搭配肉丸和胡萝卜食用，可以促进食欲，帮
助消化，缓解视疲劳，女士常吃还能养颜美容，
拥有自然的红润气色。

材料

| 猪肉馅 | 150 克 | 韭菜 | 50 克 |
| 菠菜 | 200 克 | 胡萝卜 | 50 克 |

调料

盐	1 茶匙	蚝油	1/2 汤匙
植物油	150 毫升	胡椒粉	1/2 茶匙
生抽	1/2 汤匙	葱	1 节
料酒	1 汤匙	姜	1 块

烹饪秘笈 肉丸不要太大，否则不易煮熟。
如果家中有木耳，可以放一点
进去，能清肺解毒。

做法

1. 将葱切碎，姜切成末，韭菜洗净后切碎。菠菜洗净，择去根。胡萝卜洗净，去皮，擦丝。

2. 猪肉馅里加入葱碎、姜末、韭菜碎、油（少许）、盐（少许）、料酒、蚝油、胡椒粉和
   1 汤匙生抽搅匀。

3. 用勺子将肉馅码成一个个肉丸备用。

4. 在锅中加水，大火烧开后将菠菜放入，焯 1 分钟后捞出。

5. 取平底锅置于火上，倒入剩余的油，油热后将肉丸炸至金黄色，捞出控油。

6. 在锅中留少量油，将菠菜和胡萝卜、肉丸一起进锅翻炒。

7. 炒至菠菜变软后加剩余盐和生抽调味，出锅即可。

❀ 特色

这道由大众化食材组成的菜肴鲜美
可口，色泽诱人，营养全面，是勤
俭持家的妈妈的最爱。烹饪虽简单，
滋味却是上佳。

平平常常最是美味

香菇油菜炒肉

烹饪时间 ⏱ **20**min　难易程度 ▣ **简单**

材料

| 猪肉 | 50 克 | 胡萝卜 | 50 克 |
| 油菜 | 200 克 | 鲜香菇 | 5 朵 |

调料

植物油	30 毫升	蚝油	1/2 汤匙
盐	1/2 茶匙	大蒜	5 瓣
生抽	1/2 汤匙		

营养贴士

忙碌的生活让很多人的饮食饥一顿饱一顿不规律，导致缺钙成为普遍状态，甚至体质也变得越来越差。这道香菇油菜炒肉，补钙效果不亚于牛奶、鸡蛋，含有的维生素 D 还能促进身体对钙的吸收，可谓是补钙一步到位，经常食用，还可以增强身体免疫力，让人更有精神，从容应对生活。

> **烹饪秘笈** 香菇切片时，蒂部要比菌盖切得薄一点，这样能一起炒熟。精盐晚些放，炒出的菜口感更好。

做法

1. 将油菜择去黄叶洗净，胡萝卜去皮切片，香菇切片，大蒜去皮切片，猪肉洗净后切小块。
2. 在锅中加入清水，大火烧开后将油菜放入，焯水 1 分钟后捞出沥水。
3. 炒锅烧热后倒油，油烧至八成热时将大蒜片放入炒香。
4. 将猪肉、香菇入锅，倒入生抽快速翻炒。
5. 炒至猪肉完全变色后将油菜、胡萝卜入锅。
6. 加盐、蚝油，炒匀后关火出锅。

爱的人吃过就上瘾

青椒炒大肠

烹饪时间 ⏱ **15min**　　难易程度 ▣ **简单**

偷懒方向：半成品大肠美味超省力

材料

半成品大肠 200 克
青椒　　　　1 个

调料

植物油	50 毫升	蚝油	1/2 汤匙
盐	1/2 茶匙	干辣椒	3 个
生抽	1/2 汤匙	香菜	1 棵

营养贴士

中国人爱吃动物内脏，因为其不仅味道鲜美，营养也很丰富。比如这道青椒炒大肠，好看更好吃，味道酥软爽嫩，搭配青椒更是口感丰富，经常食用，不但能够清除体内虚火，还能补充体力，通便止血。

烹饪秘笈　如果是生大肠，在处理时一定要在水中放盐和生粉，来回清洗数次。汆水时要和冷水、姜片、料酒一同下锅煮沸，这样才能彻底清除异味。

做法

1. 将半成品大肠切成宽 1 厘米的条状。
2. 将青椒洗净后去蒂、籽，切丝。干辣椒切碎，香菜洗净切末。
3. 坐锅，锅热后倒油，油热后将干辣椒碎入锅炒香。
4. 把大肠加入，快速翻炒 30 秒。
5. 将青椒加入，继续翻炒 30 秒。
6. 在锅中加入盐、生抽、蚝油调味炒匀。
7. 撒上香菜末，关火，出锅。

很多人认为大肠有异味，其实这是
个误解，大肠作为餐桌上的常见食
材，只要烹饪方法得当，照样鲜美
可口，甚至更甚。

妈妈厨房里的滋补圣品

黄豆栗子炖猪蹄

烹饪时间 **90**min   难易程度 **简单**

营养贴士

栗子号称"肾之果",而黄豆则是"植物肉",再加上美颜圣品猪蹄,三者搭配而成的这道菜,是适合产妇坐月子时吃的滋补佳品。多吃可以养精气,健脾胃,增强体力,还能美容养颜,帮助产后身材恢复。

材料

猪蹄	2只	栗子	8个
黄豆	50克	胡萝卜	半根

调料

盐	1/2 茶匙	八角	3个
生抽	1 汤匙	香菜	1棵
蚝油	1/2 汤匙	姜	1块
料酒	2 汤匙		

烹饪秘笈

烹煮猪蹄过程中放点山楂,更容易将猪蹄煮得软烂。

做法

1. 将黄豆洗净,提前用清水浸泡2小时。将猪蹄洗净后切小块,香菜洗净切末,姜切成片。栗子去皮洗净。胡萝卜洗净,去皮,切成滚刀块。
2. 在锅中加入猪蹄和冷水,大火煮开后继续煮3分钟,关火,捞出猪蹄洗净。
3. 取一个砂锅,加入猪蹄、黄豆、栗子、姜片、盐、生抽、蚝油、料酒、八角。
4. 加清水至没过猪蹄,大火煮开,水开后调小火慢炖。
5. 炖50分钟后加入胡萝卜块继续炖。
6. 炖至猪蹄软烂后撒上香菜末即可出锅。

这道菜非常滋补，黄豆香软，栗子
糯甜，猪蹄嫩滑，三者互补，营养
翻倍，尤其适合女性和孩子食用。

偷懒方向：
黄豆提前浸泡更易熟

素三丝炒腊肉

偷懒方向：
腊肉轻松一炒即熟

越是家常越考验厨艺，这道菜的关键是掌控炒素三丝的火候。肉咸香，菜脆甜，入锅即出锅，简单更省时。

材料		
腊肉	300 克
蒜薹	2 根
韭菜	20 克
红椒	半个

调料		
植物油	30 毫升
盐	1/2 茶匙
生抽	1/2 汤匙
干辣椒	2 个

营养贴士

随着生活水平的提高，越来越多的人希望能够吃得健康，而蔬菜就成了极好的选择。这道素三丝炒腊肉口感爽嫩，还含有大量的维生素、纤维素、辣素，以及钙、磷等矿物质，经常食用可以开胃助消化，杀菌防感染，预防感冒。

烹饪秘笈 | 烹饪过程中不要加锅盖，否则蒜薹会变黄。腊肉本身咸香，调味时加少许盐即可。

做法

1. 将腊肉冲洗净，切成厚 0.5 厘米左右的片。
2. 韭菜、蒜薹清洗择净后切小段。洋葱剥去干皮，切丝。红椒洗净，去蒂、籽，切丝。干辣椒切碎。
3. 炒锅内倒油，油热后将干辣椒碎下锅炒香。
4. 将腊肉倒入，继续翻炒，待腊肉变色后加入蒜薹和韭菜、红椒丝继续翻炒。
5. 加盐、生抽炒匀，炒至腊肉完全变色后关火出锅即可。

咸香筋道的培根包裹着柔韧爽滑的金针菇，再搭配脆嫩爽口的西蓝花，中西餐经典食材碰撞，入口便彻底征服你的味蕾。

材料		
	培根	5 片
	金针菇	80 克
	西蓝花	50 克

调料		
	植物油	30 毫升
	盐	1 克
	黑胡椒粉	少许

营养贴士

好看的菜品总能勾起人的食欲，这道金针菇培根卷不但好看而且好吃，脆嫩爽口，开胃消食。除此之外，多吃金针菇还能补充脑力发育所必需的锌元素，所以这道菜也可以做给孩子吃，促进新陈代谢，越吃越聪明。

中西合璧的经典混搭

金针菇培根卷

烹饪秘笈　腌制而成的培根本味咸香，建议烹饪过程中少放调料，重口味爱好者可以撒点辣椒粉或者孜然粉。

做法

1. 将金针菇剪掉根部后洗净备用。西蓝花洗净后去根，切成小朵。
2. 在锅中加水，大火烧开，将西蓝花放入，焯水 1 分钟左右，捞出沥干。
3. 将培根铺平，放入少量金针菇卷起。
4. 取平底锅，中小火加热后倒油。
5. 将金针菇培根卷收口朝下放入平底锅煎制。
6. 待煎熟后盛入盘中，撒上黑胡椒粉和盐，摆上西蓝花作为装饰。

从此爱上深夜食堂

红香肠配玉子烧

烹饪时间 ● **10min** 难易程度 ▣ **简单**

材料

鸡蛋	3 个
红香肠	6 个
生菜叶	1 片

调料

植物油	30 毫升	生抽	1/2 汤匙
牛奶	20 毫升	盐	1/2 茶匙
白糖	1 茶匙		

营养贴士

这道经常出现在日剧里的菜肴，以小清新的颜值备受人们的喜欢，鸡蛋、牛奶加上小香肠，营养丰富，且容易被身体吸收。其实食用这道菜，情怀和意境更重要吧。选个悠闲的时间，看着电影，和爱的人好好享受美味时光。

> **烹饪秘笈** 做玉子烧时，煎至鸡蛋半熟就可以卷起，否则容易焦煳。如果不喜欢甜口，可以不放白糖。

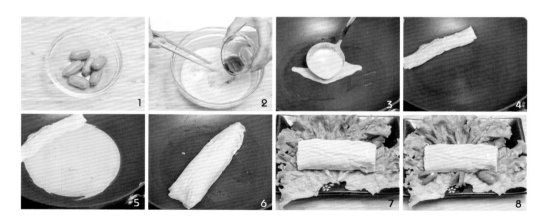

做法

1. 将红香肠对半切开，留尾部相连。
2. 在碗中打入鸡蛋，加入牛奶、白糖、生抽、盐搅匀。
3. 取方形平底锅，倒入油，油热后倒入 1/3 的蛋液。
4. 待蛋液凝固后卷起，铲到锅的一侧。
5. 再倒入剩下蛋液的 1/2，待半凝固后继续卷起。
6. 倒入剩余的蛋液，待半凝固后放入之前做好的蛋卷卷起。
7. 将蛋卷出锅，摆在洗净的生菜叶上。
8. 在平底锅里放入香肠煎至变色，出锅，摆在蛋卷旁边即可。

特色

很多人喜欢这道菜，更多是源于对
剧的喜爱，但这并不妨碍对美味的
追求，打破次元壁，看剧的同时也
能满足口腹之欲，岂不乐哉？

寒冷冬季里的暖心菜

酸辣肥牛白菜

烹饪时间 ⏱ **10**min　　难易程度 ▦ **简单**

营养贴士

白菜是人们过冬必备的蔬菜，而肥牛也是最常用来抗寒的肉类之一。这道酸辣肥牛白菜，集合两种冬季常用食材，荤素搭配，汤汁浓郁，营养全面，经常食用还可健胃消食，暖身暖心，特别适合怕冷体质和身体虚弱的人食用。

材料

肥牛片	250 克
白菜叶	2 片
青椒	半个

调料

植物油	30 毫升	白醋	1 汤匙
盐	1/2 茶匙	蚝油	1 汤匙
生抽	1/2 汤匙	干辣椒	3 个

烹饪秘笈

这道菜还可以搭配金针菇，滋味、口感均更丰富，颜色也更漂亮。金针菇最好是开水焯熟后再下锅翻炒。

做法

1. 将白菜叶洗净后切片。青椒洗净，去蒂、籽，切丝。干辣椒切碎备用。
2. 炒锅中倒油，油热后放入干辣椒碎爆香。
3. 将肥牛和白菜片、青椒丝加入，快速翻炒。
4. 加盐、生抽、白醋、蚝油调味，继续翻炒。
5. 盖上锅盖，小火焖 1 分钟。
6. 开锅看白菜变软后关火，出锅。

这道菜做法简单，尤其适合冬天食用，肥牛片鲜美香辣，白菜叶酸爽有味，热气腾腾来一口，解馋、暖胃更下饭。

偷懒方向：
超薄肥牛秒熟不费事

白萝卜炖牛腩

正是滋补好时节

烹饪时间 ⏱ **90min**　难易程度 ▣ **简单**

营养贴士

据国家癌症中心统计的数据显示，每天有万余人被确诊为癌症，防癌抗癌俨然已成为每个家庭日常的饮食重点。众所周知，在蔬菜中，白萝卜是防癌抗癌明星之一，用其搭配牛腩，不但营养滋补，而且脂肪含量很低，经常食用，开胃健脾的同时加快人体新陈代谢，增强抗病能力，让家人吃得健健康康，远离癌症。

材料

牛腩	500 克
白萝卜	200 克
胡萝卜	1 根

调料

盐	1/2 茶匙	胡椒粉	适量
生抽	1/2 汤匙	姜	1 块
八角	3 个	香菜	1 棵
干山楂	5 片		

烹饪秘笈

牛腩余水时建议冷水下锅，这样不仅可以使牛肉的口感更软嫩，还能达到去血水的效果。

做法

1. 将牛腩洗净后切小块。白萝卜、胡萝卜分别洗净，削皮后切成滚刀块。姜切片，香菜洗净、切碎。

2. 在锅中加入牛腩和清水，大火烧开后继续煮 3 分钟，捞出牛腩洗净。

3. 取砂锅，放入牛腩、姜片、生抽、盐、八角、山楂片，倒入清水至盖过牛腩。

4. 大火烧开后调小火慢炖。

5. 炖 1 小时左右时加入白萝卜和胡萝卜继续炖。

6. 等到牛腩软烂时撒入香菜和胡椒粉，即可出锅。

牛腩相较于牛肉口感更为丰富，炖好的牛腩香弹嫩滑，味道鲜美，配上浓郁软糯的萝卜，有滋有味，营养翻倍。

荤素搭配，胃肠不累

蒜蓉牛肚炒芹菜

烹饪时间 ⏱ **15**min　　难易程度 ☑ **简单**

营养贴士

很多家常菜看似不起眼，其实营养一点儿也不亚于名贵菜肴，比如这道蒜蓉牛肚炒芹菜。它既有能补充体力的丰富蛋白质，也有善调理胃肠的膳食纤维，还有可缓解疲劳、养精活血的多种矿物质，经常食用，能够让人精力充沛，充满精气神儿。

材料

半成品牛肚	250 克
芹菜	100 克
红彩椒	1 个

调料

植物油	50 毫升
盐	1/2 茶匙
生抽	1/2 汤匙
蚝油	1/2 汤匙
大蒜	4 瓣

▎烹饪秘笈

蚝油与牛肚是绝配，建议不要省略。半成品牛肚可以切得粗一点，太细的话容易炒烂。

做法

1. 将芹菜洗净择叶后切段，大蒜捣成泥。红彩椒去蒂、籽，切丝。牛肚洗净，切细条。
2. 在锅中加入清水和盐，大火烧开后放入芹菜，焯 1 分钟后捞出沥水。
3. 炒锅放油烧热，将蒜泥加入炒香。
4. 加入牛肚、红彩椒、盐、生抽爆炒 30 秒。
5. 加入芹菜、蚝油，再炒 30 秒即可。

特色

弹性十足、富有嚼劲的牛肚，配上
清爽可口的芹菜，营养价值丰富，
再用红彩椒点缀，色味双全，只看
一眼便已食欲大开。

来自东南亚的美食问候

椰 油 鸡 丁

烹饪时间 ◎ **15**min　　难易程度 ■ **简单**

营养贴士

不用油没味道，用油又担心热量高，椰油则完美解决了减肥人士的这一困扰，不但脂肪低，而且味道还更好，营养极易被人体吸收，经常食用不但可以保护心脏，降低心血管等疾病，还能增强免疫力，让身体更强壮。

材料

鸡肉	200 克	红、绿、黄彩椒
土豆	1 个	各半个
胡萝卜	半个	

调料

植物油	50 毫升	老抽	1/2 汤匙
盐	1/2 茶匙	椰油	30 毫升
生抽	1/2 汤匙	葱	1 节

> **烹饪秘笈**　这道菜也可以全部用椰油烹饪，椰油比一般食用油含胆固醇更少，特别适合减肥人士食用。切好的鸡丁可以加入淀粉腌制，口感会更滑嫩。

做法

1. 将土豆、胡萝卜分别洗净，去皮切丁。彩椒洗净，去蒂、籽，切丁。葱切葱花备用。

2. 鸡肉洗净，切成相同大小的肉丁。

3. 炒锅烧热后倒油，油热后将葱花放入，炒香。

4. 放入鸡肉丁，调入生抽、老抽翻炒。

5. 炒至鸡肉变色后将土豆丁、胡萝卜丁、彩椒丁加入，继续翻炒。

6. 加盐、椰油快速翻炒 2 分钟左右，出锅即可。

这是一道具有异国风情的菜肴，咖
喱浓郁，鸡丁滑嫩，加入椰油调味，
清爽不油腻，健康更美味。

再也不用去KFC（肯德基）

蜂蜜芥末烤鸡

烹饪时间 ⏱ **30min**　难易程度 ▣ **简单**

偷懒方向：蜂蜜芥末酱让腌制简单更增味

营养贴士

现代人工作和生活压力大，经常在透支自己的体力和精力，这就需要在饮食上更加注重营养。这道蜂蜜芥末烤鸡具有高蛋白、低脂肪的特点，含有丰富的矿物质，极易被人体吸收，有增强体力、强壮身体的作用，搭配土豆和西蓝花，调节口感的同时，营养更全面。

材料

琵琶鸡腿	2 只	西蓝花	50 克
土豆	1 个		

调料

盐	1/2 茶匙	胡椒粉	1 茶匙
料酒	2 茶匙	柠檬	半个
生抽	1 茶匙	洋葱	半个
蜂蜜芥末酱	1 汤匙	大蒜	5 瓣

▎烹饪秘笈

鸡腿肉提前腌制一晚再烤，可以减轻芥末的辛辣味道和刺激感，也能让调料更加入味。

做法

1. 将鸡腿洗净，在表面划几道口子。

2. 土豆洗净，削皮后切小块。西蓝花洗净，去根，切小块。洋葱剥去干皮，切丝。柠檬洗净后切片，大蒜去皮切片。

3. 将鸡腿、柠檬片、大蒜片、洋葱放入大碗中。

4. 在碗里加入盐、料酒、生抽、蜂蜜芥末酱、胡椒粉搅匀，冷藏腌制过夜。

5. 预热烤箱至220℃。

6. 将腌好的鸡腿及作料一起倒入烤盘中。

7. 在烤盘里加入土豆块、西蓝花，放入烤箱中层。

8. 以220℃烤20分钟后取出即可。

想吮指还不简单？这道烤鸡外皮酸
甜焦脆，内里鲜嫩多汁，再加上芥
末和柠檬带来的特有的清爽感，百
吃不腻，有滋有味。

谁 说 肉 菜 不 减 肥

鸡胸肉炒豆芽

烹饪时间 ⏱ **20min**　　难易程度 ▣ **简单**

营养贴士

减肥期间如果光吃鸡胸肉，实在没啥滋味，不妨试试这道鸡胸肉炒豆芽，它脂肪含量低，热量少，多吃点也不会发胖，而且绿豆芽中含有丰富的纤维素，还能促进肠胃的蠕动，利于消化吸收，经常食用也不会影响减肥效果。

材料

| 鸡胸肉 | 300 克 |
| 绿豆芽 | 200 克 |

调料

植物油	50 毫升	白醋	1/2 汤匙
盐	1/2 茶匙	洋葱	1 个
生抽	1/2 汤匙	大葱	1 节
蚝油	1/2 汤匙	干辣椒	3 个

▌烹饪秘笈

如果担心鸡胸肉不入味，可以先用调料提前腌制 10 分钟左右，再打入蛋清拌匀，炒熟后口感更细腻。

做法

1. 将鸡胸肉洗净后切小块备用。
2. 豆芽择根后洗净。洋葱剥去干皮，切丝。葱、干辣椒切碎。
3. 坐锅，锅热后倒油，油烧至八成热后将辣椒碎和部分葱碎倒入，炒香。
4. 放入鸡胸肉快速翻炒至变色，加入豆芽、洋葱丝继续翻炒。
5. 豆芽炒软后加入盐、生抽、蚝油、白醋炒匀。
6. 关火出锅，撒入剩余葱碎即可。

这道菜极受爱美人士欢迎，脆爽豆芽搭配滑嫩鸡丁，低热量的同时更富含多种营养素，色彩丰富，增强食欲，夏季来一盘，清口更清心。

吃出七窍玲珑心

甜椒炒鸡心

烹饪时间 ◎ **15min**　难易程度 ▣ **简单**

营养贴士

现代社会人心浮躁，工作和生活的压力让人变得焦虑不已，长此以往，极易给心脏带来风险。俗话说吃啥补啥，这道彩椒炒鸡心以鸡心为主食材，口感软嫩，营养丰富，常吃可以补心安神，缓解心悸，具有镇静神经的功效。

材料		
鸡心	500 克	
红甜椒	1 个	
青甜椒	1 个	

烹饪秘笈　建议用盐水清洗鸡心，这样可以去除鸡心上的杂物和腥味，避免影响口感。

调料				
植物油	30 毫升	葱	1 节
盐	1/2 茶匙	姜	1 块
生抽	1/2 汤匙	大蒜	3 瓣
酱油	1/2 汤匙		

做法

1. 将鸡心切除心管部位，微切十字刀口，洗净内部残留的血块，备用。
2. 将大葱切成葱花，姜切片，蒜去皮切片。红甜椒、青甜椒洗净，去蒂、籽，切丝备用。
3. 在锅中加水，大火烧开后放入鸡心余水 1 分钟，捞出控水。
4. 坐锅，锅热后放油，油热后加入葱花、姜片、蒜片炒香。
5. 将鸡心、甜椒丝倒入，快速翻炒 1 分钟。
6. 加盐、生抽、酱油调味，关火盛盘即可。

这道菜喜欢的人极喜欢，不喜欢的
人却一点儿也不吃。但只要你喜欢
有嚼劲的口感，就不妨试一下，彩
椒辛辣，鸡心软嫩，两者搭配，味
道绝对超出你的想象。

天生自带文艺范儿

腰果炒虾仁

烹饪时间 ⏱ **15min**　难易程度 ▣ **简单**

营养贴士

因为饮食结构的变化，越来越多的中老年人被心血管疾病困扰，所以家庭餐桌上不妨加上这道菜。虾仁不但好消化易吸收，还能很好地保护心血管系统，减少胆固醇，而腰果也可以软化血管，两者搭配食用，不但预防中风，还能延缓衰老。

材料

虾仁	250 克	胡萝卜	50 克
腰果	100 克	熟青豆	50 克
玉米粒	50 克		

调料

植物油	50 毫升	蜂蜜	1 汤匙
盐	1/2 茶匙	淀粉	20 克

烹饪秘笈

在腰果下油锅炒脆之前，可以先将腰果在温水中浸泡 10 分钟左右，这样炸出来的腰果颜色乳白，不易发焦，口感更酥脆。

做法

1. 将虾仁洗净后控水。胡萝卜洗净，去皮，切小粒。熟青豆洗净备用。
2. 坐锅，锅热后倒油，油热后将腰果放入，小火炸制。
3. 等腰果炸至金黄色时捞出控油。
4. 在碗中加淀粉和少许水做勾芡汁。
5. 锅中留少许油，开中大火，将虾仁放入翻炒。
6. 炒至虾仁变色后加入炸腰果、玉米粒、胡萝卜粒、青豆继续翻炒。
7. 加盐和蜂蜜调味，撒入勾芡汁，待汁变稠即可关火出锅。

特色

虾仁丰满鲜嫩，腰果香脆可口，两
者碰撞出层次分明的美妙口感，色
彩清新，自带一股文艺范儿。

就地取材的渔家美味

南瓜蛤蜊炖豆腐

烹饪时间 ● **25min**　难易程度 ▣ **高级**

偷懒方向：晒干的蛤蜊肉、瑶柱肉好储存，泡发即可方便使用

材料		
蛤蜊肉	100 克
珧柱	100 克
南瓜	200 克
豆腐	250 克

调料		
植物油	50 毫升
盐	1/2 茶匙
生抽	1/2 汤匙
葱	1 节

营养贴士

烹制海鲜最好的方式是蒸煮，既能保留原汁原味，又能最大限度地保存营养成分。这道渔家养生菜吃起来香滑醇厚，含有丰富的蛋白质和矿物质，可以加快新陈代谢，增强免疫力。

烹饪秘笈　蛤蜊和珧柱本身味道非常鲜美，建议烹饪这道菜时无须放太多调味料，原汁原味更可口。

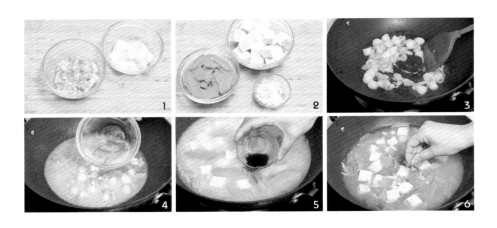

做法

1. 将蛤蜊肉洗净泥沙后沥水。珧柱洗净，沥水。
2. 南瓜洗净，去皮、瓤，切片。豆腐切块，葱切成葱末。
3. 坐锅倒油，油热后将蛤蜊肉和珧柱下锅翻炒。
4. 加 1000 毫升清水，大火煮开。
5. 水开后加入南瓜和豆腐、盐、生抽，小火慢炖。
6. 炖至汤汁变黏稠时撒上葱末，关火盛出即可。

❀ 特色

甜软南瓜，鲜美蛤蜊，嫩滑豆腐，
成就了这道菜层次分明的丰富口感，
让人在唇齿之间尽情享受海的味道。

当深海生鲜遇上田园经典

韭菜鱿鱼海鲜饼

烹饪时间 ◎ **20**min　　难易程度 ▣ **高级**

材料

鱿鱼	200 克	鸡蛋	2 个
韭菜	50 克	红彩椒	半个
洋葱	半个	面粉	30 克

调料

植物油	50 毫升
盐	1/2 茶匙
生抽	1/2 汤匙

营养贴士

这道菜集合了海陆两大营养，韭菜就不用多说了，辛辣开胃，壮阳补气；鱿鱼则对人的骨骼发育和造血十分有益，可以预防贫血，经常食用还能缓解疲劳，恢复视力，改善肝脏功能，所以特别适合经常面对电脑的白领一族。

> **烹饪秘笈** 如果觉得滋味不足，还可以用 1 勺酱油、1 勺醋，加半勺糖调和成酱汁，将海鲜饼蘸汁食用，滋味更过瘾。

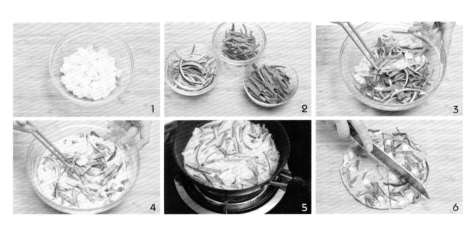

做法

1. 将鱿鱼洗净，切成等大的小块。
2. 将韭菜洗净后切成小段。洋葱剥去干皮，切成丝。红彩椒洗净，去蒂、籽，切丝。
3. 将鱿鱼、韭菜、洋葱、红彩椒、鸡蛋、盐、生抽倒入大碗里，搅拌均匀。
4. 在大碗里加入面粉、清水，调成微稠的面糊。
5. 平底锅中放油烧热，将面糊倒入，小火慢煎。
6. 两面煎至金黄色时将饼盛出，待稍微冷却后切成均匀的 8 片，摆盘即可。

❋ 特色

这道菜被称为韩式披萨，辛辣的韭
菜，配上鲜美的鱿鱼，再加上鸡蛋
和面粉，口感爽嫩，作为早餐，让
你一天都回味无穷。

这是一道男人保健菜
胡萝卜生蚝烘蛋

烹饪时间 ◎ **20min**　　难易程度 ▣ **简单**

这道菜是在经典粤菜之上的创新，既有生蚝烘蛋的外焦里嫩，也有胡萝卜的营养鲜美，口味老少皆宜，能滋肾补阳，尤其适合男性食用。

材料		
生蚝	8 只
鸡蛋	3 颗
胡萝卜	50 克
火腿	50 克
黄瓜	50 克

调料		
植物油	50 毫升
盐	1/2 茶匙
生抽	1/2 汤匙

营养贴士

生蚝就是牡蛎，素有"海洋牛奶"之称，其肉质细嫩，味道鲜美，含有极丰富的锌元素，男性经常食用，特别有利于壮阳强身。生蚝搭配胡萝卜和鸡蛋，营养更易被身体吸收，可全方位增强身体免疫力，让精力更为充沛。

▎烹饪秘笈

建议生蚝用盐水浸泡清洗，能洗得更干净，还可以滴几滴花生油，清洗更容易。

做法

1. 将生蚝去壳后浸泡 15 分钟。
2. 将泡好的生蚝洗净泥沙。胡萝卜、黄瓜分别洗净，切丁。火腿切丁备用。
3. 取大碗，磕入鸡蛋打散，将生蚝倒入碗中搅拌。
4. 坐锅，锅热后倒油，油热后将鸡蛋和生蚝倒入翻炒。
5. 蛋液稍稍凝固后将胡萝卜丁、黄瓜丁、火腿丁一起加入，翻炒。
6. 加入盐、生抽炒匀，关火出锅即可。

在中国的饮食文化中，南方人好煲汤，北方人好煮粥，但在大家印象中，煮粥煲汤都是费时费力的"营生"，这根本不适合咱们的"懒小厨"们啊。对于咱们来说，滋养汤粥的硬性要求不光要好喝，还必须快捷、简单，那不妨来试试我们的方法，比如：煲粥熬汤可以选能定时自动熬煮的现代锅具，这样只需把食材放入，设定好时间即可；把豆类等食材提前浸泡，在熬煮时能省时不少；把蔬菜、肉类、高汤等一次熬煮后分小份冷冻，随时可以取用，很方便；小火熬煮时设个闹钟或放个定时器，这样再无需反复查看，时间一到即关火，很省心。所以，烹制滋养汤粥也可以很简单很快捷哦。马上行动起来，我们一起约个"养生汤粥"可好？

快捷滋养主义 之

超简单汤粥

这个鲜味无法抵挡

丝瓜鸡蛋汤

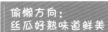

偷懒方向：
丝瓜好熟味道鲜美

这是一道美容菜，味道清淡不油腻，丝瓜鲜甜，鸡蛋软嫩。夏季时享用，可清凉解暑，醒神健脑。

材料
丝瓜	1 根
鸡蛋	2 个
木耳	6 朵

调料
植物油	20 毫升
盐	1/2 茶匙
葱	1 节

营养贴士

其实只要会吃，就可以省下去美容院的钱，比如这道丝瓜鸡蛋汤，夏季食用，可以清除体内虚火，排除毒素，防止因为火气大导致的脸上长痘，而且女性经常食用还可以补充水分，让肌肤不再干燥，水水嫩嫩的，对调理月经不顺也有着极好的效果。

烹饪秘笈　丝瓜多汁，建议现切现做，这样才能保留其鲜嫩的口感。另外，烹饪时不要用酱油等重口味调料，以免掩盖丝瓜的清香。

做法

1. 将木耳用温水泡发，切小瓣。丝瓜去皮，切大小均匀的薄片。葱切成葱花备用。
2. 碗里打入鸡蛋，搅匀。
3. 起锅，锅热后倒油，油热后将部分葱花放入炒香。
4. 下丝瓜片和木耳，加盐，快速翻炒。
5. 加入适量冷水，大火煮开后淋入蛋液，煮20秒左右后撒入剩余葱花，关火，盛出即可。

烹饪时间 ⊙ **65min**　难易程度 ▣ **简单**

偷懒方向：
莲子百合提前浸泡简单易熟

这道汤用几种药食两用的食材煮制而成，莲子鲜甜浓糯，百合清香扑鼻，长期食用可以美白肌肤，祛斑润肤，极其适合女性食用。

材料	百合	20 片
	莲子	30 颗
	枸杞	10 个
	红枣	8 颗
调料	冰糖	20 克

营养贴士

压力增大，经常会使人失眠多梦，甚至只有靠安眠药才能进入深度睡眠，长此以往，只会让人精神越来越差。这道莲子百合养生汤除了具有女性追求的美容养颜功效之外，还有着很好的安神静气功效，经常食用可以让人变得安静平稳，不再急躁，从而调整出好的心态来应对生活。

能让内心安静下来的汤

莲子百合汤

烹饪秘笈　莲子心味苦，如果接受不了，可以去除，但保留莲子心效果更好。

做法

1. 将莲子、百合用清水浸泡 1 小时左右，洗净。
2. 将红枣洗净后切个小口子，枸杞洗净备用。
3. 砂锅中放入莲子、百合、红枣、枸杞和清水，大火烧开。
4. 调小火熬煮 1 小时后关火，加冰糖，加盖闷 5 分钟后出锅即可。

劳累一天的完美慰藉

杏仁红薯甜汤

烹饪时间 🕐 **60**min　难易程度 🔲 **简单**

材料	红薯	1个
	芋头	2个
	甜杏仁	20克
	无花果干	6个
	红枣	6颗
调料	黑糖	20克

营养贴士

冷到伸不出手的日子里，下班回家最大的愿望就是喝碗热热乎乎的暖汤，痛痛快快下肚，一天的疲劳就彻底无影踪了。这道杏仁红薯甜汤既可以饱腹，又能调理肠道，经常食用，还有助于润肺养颜，美容减脂，可谓是上上之选。

▌烹饪秘笈

杏仁分为甜杏仁和苦杏仁两种，苦杏仁不可生食，如果熬粥，须先用清水浸泡三天去除苦味。

做法

1. 将红薯和芋头去皮，洗净，切小块。

2. 甜杏仁泡水 1 小时左右，去皮备用。

3. 红枣洗净后切小口，无花果干洗净。

4. 锅中放入红薯、芋头、红枣、杏仁、无花果干和适量清水，大火煮开。

5. 转小火，煮至红薯、芋头软烂。

6. 关火，加入黑糖，加盖闷 10 分钟后出锅即可。

将中药入粥，更能激发出红薯的营养。
这道甜汤香甜软糯，尤其适合冬季食
用，可暖身养胃。

养颜清热的美容汤

银耳雪梨汤

偷懒方向:
银耳撕小块易熟易出胶质

此汤是女性的挚爱,脆口的银耳,甜糯的雪梨,浓稠的汤汁,营养丰富,保健养颜功效不输燕窝。

材料		
雪梨	1个
银耳	1朵
桂圆	10颗
枸杞	10个

调料		
冰糖	20克

营养贴士

秋冬时节天气干燥,人很容易上火,特别是肺不好的人,尤其觉得难熬。这道银耳雪梨汤酸甜水润,能够止咳润肺。雪梨寒凉,可以清除体内火气,秋冬食用,可以起到很好的去心火效果。银耳素有"平民燕窝"之称,女性常吃,还能美容嫩肤,减少皱纹。

▍烹饪秘笈

如果不介意的话,雪梨的果皮建议不要去除,可最大限度地保留营养。如果想止咳,可以适当加点川贝。

做法

1. 将雪梨洗净,去皮、核,切小块。桂圆去壳,枸杞洗净。
2. 将银耳在冷水中泡发后撕成小块。
3. 砂锅中放入银耳、桂圆、枸杞和清水,大火煮开。
4. 调小火煮 50 分钟,加入雪梨,继续煮 20 分钟左右后关火。
5. 加入冰糖,加盖闷 10 分钟即可出锅。

烹饪时间 ⏱ **5min**　　难易程度 ▣ **简单**

汤圆软糯香甜，醪糟清香扑鼻，入口一嘴淡淡的桂花香，寒冷冬天来一碗，暖暖糯糯，幸福满满。

材料	小汤圆	100 克
	醪糟	30 克
	桂花	15 克
	鸡蛋	1 个
调料	红糖	20 克

营养贴士

在南方地区，到了夏天，很多街头小巷的地摊上都有这道酸甜滋补的清热汤在卖，燥热难耐的时候来一碗，既可以消除燥热，还能让胃口打开，提升食欲。除此之外，体弱的人经常食用，还能舒筋活血，增强身体免疫力，预防感冒。

喝完全身都暖和起来

红糖醪糟小汤圆

烹饪秘笈 | 如果觉得汤汁不够浓稠，在锅内加入红糖后可用淀粉糊适当勾芡。

做法

1. 准备好所用食材，鸡蛋在碗里打散。
2. 起锅，加冷水烧开。
3. 下小汤圆、醪糟继续煮。
4. 再次煮开后淋入蛋液。
5. 加入红糖煮 30 秒左右。
6. 撒桂花，关火即可。

营养满分的五彩田园汤

多种蔬菜高汤

烹饪时间 ⏱ **80**min　　难易程度 ▣ **简单**

材料	
鲜香菇	5 朵
芹菜	100 克
胡萝卜	半根
菠菜	100 克
洋葱	半个
番茄	1 个
鲜玉米	1 根

调料	
盐	1 茶匙

营养贴士

现在年轻人体重超标，大部分原因是饮食结构不合理，口味偏重，所以在日常生活中不妨刻意加一些汤菜来平衡。这道用多种时令蔬菜熬制的高汤，富含维生素和矿物质，补充身体所需营养的同时，还能调理肠胃，减少脂肪堆积，不用特意减肥，也能慢慢瘦下来。

> **烹饪秘笈** 这道菜的食材不必局限于上面列出的几种，可根据时令进行调整，选取当季食材即可。

做法

1. 将香菇去根，洗净切片。玉米去皮、须，切小段。

2. 芹菜洗净，择去叶子，切小段。胡萝卜洗净，去皮，切块。菠菜洗净，择去黄叶。洋葱剥去干皮，切条。番茄去皮，切块。

3. 起锅，在锅中加入冷水，大火烧开后放入菠菜，煮 20 秒左右，捞起沥水。

4. 在砂锅中加入玉米、胡萝卜、芹菜、菠菜、洋葱、番茄、香菇，倒入适量清水，调大火煮开。

5. 改小火煮 1 小时左右，加盐搅匀，关火出锅即可。

这是一道味道超出想象的蔬菜大杂烩，原汁原味，鲜美可口，它既可以直接食用，也可以用来煮面、煲汤，尤其适合减肥人士食用。

献给不爱吃山药的你

山药排骨汤

烹饪时间 ◎ **100min**　难易程度 ▣ **简单**

山药是老人们特别爱吃的一种蔬菜，有着很好的滋养强身、延缓衰老的功效，能够有效改善记忆状况。这道养生汤最好是秋天食用，因为秋季食用白色食物能润肺。经常食用这道汤，还能够帮助老年人预防心血管方面的疾病，让身体更硬朗。

材料		
排骨	250 克
山药	1 根
鲜玉米	1 根
胡萝卜	半根

调料		
盐	1/2 茶匙
料酒	1 汤匙
姜	1 块
葱	1 节

▌烹饪秘笈

山药分为脆口和面口两种，可根据自己的食用习惯来选择，煲汤的话，建议选面口的，滋味会更加饱满。

做法

1. 将排骨洗净后切小块备用。

2. 玉米去皮、须，切成 3 小段备用。

3. 胡萝卜洗净，去皮后切小块。山药去皮，洗净，切小块。葱切碎，姜切片。

4. 起锅，在锅中加入排骨和清水，大火煮开。

5. 继续煮 3 分钟左右，将排骨捞起洗净。

6. 取砂锅，放入排骨、玉米、姜片、料酒和适量清水，大火煮开。

7. 调小火煮 1 小时，加入山药、胡萝卜继续煲 30 分钟左右。

8. 加盐搅匀，撒葱碎，关火即可。

特色

不爱吃只因做得不好，这道汤做好了，喝
起来鲜而不腻，既有着排骨的香浓，也有
着山药的绵软，特别适合秋季进补。

135

这是妈妈的味道呀

棒骨疙瘩汤

烹饪时间 ◎ **120min**　难易程度 ■ **简单**

材料	棒骨	2块
	番茄	1个
	菠菜	50克
	面粉	20克

调料	盐	1/2 茶匙
	葱	1节
	姜	1块

营养贴士

长时间坐着工作，导致很多人消化不良，食欲不振。这道荤素搭配的疙瘩汤，营养丰富且均衡，尤其适合上班族下班后用来补充蛋白质，搭配菠菜和番茄还能起到健脾开胃、提升食欲的效果。

▍烹饪秘笈

搅拌面糊时可以打入1个鸡蛋，这样口感会更嫩，而且颜色也漂亮。

做法

1. 将棒骨洗净，番茄洗净切丁，菠菜洗净，葱切碎，姜切片备用。

2. 面粉中放适量冷水快速搅匀，变成微稠的面糊状。

3. 将棒骨和冷水、姜片放入锅中，大火煮开后再煮 3 分钟，将棒骨捞起洗净。

4. 另起净锅，加入清水和盐，大火煮开，放入菠菜焯 30 秒后捞起备用。

5. 将棒骨和冷水放入砂锅中，大火烧开后转小火，煲至汤汁变成乳白色，将棒骨捞起。

6. 在骨汤中加入番茄丁和面糊，将面糊快速搅拌成小疙瘩，煮 1 分钟左右。

7. 加入菠菜和盐，煮 20 秒左右，撒入葱碎后关火，盛出即可。

这是一道有着北方面食风味的汤菜，
高汤香浓，疙瘩筋道，放入菠菜和番
茄丁作为点缀，好看好喝更管饱。

温暖心灵的好滋味

红枣鸡汤

烹饪时间 ⏱ **140min**　难易程度 ▣ **高级**

营养贴士

工作和家庭的双重压力使得现代女性要付出比以往更多的努力，所以补充体力的饮食就显得很重要。这道红枣鸡汤含有丰富的维生素 C 以及铁、锌等营养物质，女性经常食用，既能够补血补气、强健身体，还能起到软化血管、调节内分泌的效果，而且红枣作为"妇科圣药"，多吃还可以美容养颜。

材料		
鸡	400	克
菜心	100	克
红枣	6	颗

调料		
盐	1	茶匙
姜	1	块
葱	1	段

▌烹饪秘笈

鸡肉要冷水下锅，这样可以去除血水，煲出来的汤会更加鲜美。

做法

1. 将鸡腹腔清理干净，剁成小块。红枣洗净后切小口，姜切片，葱切末，菜心洗净备用。

2. 汤锅中加入鸡块和清水，大火煮沸后继续煮 3 分钟，关火，将鸡块捞出洗净。

3. 在砂锅中加入鸡块、红枣、姜片和适量清水，大火煮开。

4. 转小火继续炖煮 2 小时。

5. 加菜心，煮 5 分钟。

6. 加盐搅匀，撒葱末，关火后盛出即可。

特色

鸡汤浓郁，营养滋补；红枣甘甜，补血益气。在寒冷的冬天来碗热腾腾的红枣鸡汤，驱赶寒冷和疲惫，立刻满血复活。

偷懒方向：
一次熬煮分小格冷冻

软糯的鸡脚尽情啃

红枣花生鸡脚煲

烹饪时间 ⏱ **130**min　难易程度 ▣ **简单**

营养贴士

女性天生就比男性更需要滋补，这道浓郁鲜美的营养汤特别适合女性食用。红枣可补气、养血、安神，花生可润肺、延缓衰老；鸡爪富含钙和胶原蛋白，具有美容养颜的功效。如果正值产后，饮这道汤还可以催乳汁、养气血、补充体力，帮助恢复身材。

材料		
鸡脚	250	克
红枣	10	颗
花生	50	克
栗子	10	颗
木瓜	1/4	个

调料		
盐	1/2	茶匙
料酒	1	汤匙
姜	1	块

烹饪秘笈

花生、栗子和红枣在烹饪之前可先用冷水浸泡 20 分钟，这样更容易软烂。

做法

1. 鸡脚去外皮、趾甲，洗净备用。

2. 红枣洗净，切小口。花生、栗子洗净。木瓜削皮去籽，切块备用。

3. 将鸡脚和冷水放入锅中，大火煮开。

4. 煮 2 分钟左右后将鸡脚捞起，洗净。

5. 在砂锅中放入鸡脚、姜片、料酒和适量清水，大火煮开。

6. 调小火煮 1 小时左右，加入红枣、花生、栗子，继续煮 40 分钟。

7. 加盐、木瓜煮 20 分钟，关火出锅即可。

鸡脚入口即化，花生、栗子香糯酥软，
汤汁浓郁味足，满满一锅全是营养，
饭桌有它万事足。

好多蛋白质在舌尖跳舞

黑鱼豆腐汤

偷懒方向：
将黑鱼切块炖煮更省时

黑鱼和豆腐是完美搭档，营养和口感都能实现互补，搭配韭菜，颜色更漂亮，熬出来的奶白色高汤，看到即让人食欲满满。

材料	黑鱼	2 条
	豆腐	1 块
	韭菜	20 克

调料	植物油	30 毫升
	盐	1/2 茶匙
	葱	1 节

营养贴士

常听老人说，月子里要喝黑鱼汤，因为可以促进伤口愈合，特别是对剖宫产的女性来说，效果更明显。事实上，这道黑鱼豆腐汤每个人都可以喝，其含有丰富的蛋白质和多种矿物质等，可以增强身体免疫力、补心养阴、强身健体，特别滋补。

▌烹饪秘笈

这道菜熬制时间有点长。如果想节省时间，可将黑鱼切块，建议切得厚一点。另外，可以放点西红柿调味，这样熬出来的汤色泽好看，而且味道也会变得酸爽。

做法

1. 将鱼去鳃、内脏，洗净内腔血水，用厨房纸巾吸干表面水分。

2. 葱切成葱花，豆腐切相同大小的块。韭菜洗净，切去老根，切小段。

3. 起锅，锅热后倒油，油热后将部分葱花放入，炒香。

4. 将鱼放入锅中，两面微微煎黄，改大火，加开水至盖过鱼身。

5. 煮开后加入豆腐和盐，小火慢炖。

6. 待汤汁微微变浓稠后撒上韭菜和葱花，出锅即可。

烹饪时间 ⏱ **15min**　　难易程度 ▣ **简单**

冬瓜软烂，牡蛎鲜美，食材新鲜，汤汁清香，尤其适合夏季食用。

材料	新鲜牡蛎肉	100 克
	冬瓜	200 克
	海米	50 克

调料	植物油	50 毫升
	盐	1/2 茶匙
	葱	1 节
	香菜	20 克

营养贴士

常吃海鲜不易老。现代人越来越重视保养，在饮食上也颇费精力。这道牡蛎冬瓜汤富含核酸，经常食用能够延缓皮肤老化，减少皱纹的形成，而且冬瓜能清热解毒，美容养颜，减脂润肤。对于患有高血压的人来说，这道汤还能起到缓解和一定的治疗作用。

一碗鲜美的好汤

牡蛎冬瓜汤

▎烹饪秘笈

这道汤做不好会腥味十足，但做好了就鲜美至极，成败的关键在于牡蛎的新鲜程度，冷冻过后的牡蛎肉会让口感大打折扣。

做法

1. 将牡蛎去壳取肉，洗净泥沙。
2. 冬瓜去皮、瓤后洗净，切片。香菜洗净，去根切碎。海米洗净，葱切成葱花备用。
3. 起锅，锅热后倒油，油热后放入葱花和海米炒香。
4. 加入牡蛎肉快速翻炒。
5. 加水，大火煮开，再放入冬瓜和盐继续煮。
6. 煮至冬瓜软烂后撒香菜末，关火，盛出即可。

不是腊月也爱喝

真爱八宝粥

烹饪时间 ⏱ **60min**　难易程度 ▣ **简单**

八宝粥受人喜爱，除了因为丰富的口感，还因为它混合了八种食材的营养——红豆可以排湿，莲子清除虚火，核桃补脑，枸杞养血，花生养胃……长期食用，不但能强身健体，还能预防多种老年病，所以特别适合用来给爸妈补充营养。孩子常吃，也有益于大脑发育。

材料

红豆	20 克	黑米	20 克
花生	10 克	核桃	5 个
莲子	20 克	枸杞	10 个
糯米	20 克	桂圆	10 个

调料

冰糖	20 克

▎烹饪秘笈

因为干果较硬，不容易变软，所以在熬制这道粥时需要先把莲子、花生、核桃等用开水泡发一定时间，再下锅同熬，口感才能完美融合。

做法

1. 将核桃剥壳，浸泡在水中，30 分钟后剥去外层薄膜。
2. 将花生、莲子、红豆浸泡在水里，1 小时后洗净，沥水。
3. 桂圆去壳，糯米、黑米、枸杞洗净备用。
4. 锅中放入红豆、花生、莲子、糯米、黑米、核桃仁、枸杞、桂圆和适量清水，大火熬煮。
5. 大火烧开后转小火慢炖，注意抄底搅拌。
6. 炖至粥变稠后关火，加入冰糖，加盖闷 10 分钟即可。

八宝粥里含八宝，八宝个个营养好，

五谷杂粮补短缺，延年益寿身体棒。

充满南瓜香的热粥

南瓜玉米粥

这是一道适合夏季的粥品，口味清淡，容易消化，微甜中带有丝丝软糯，入口即化，尤其适宜老人、孩子食用。

材料	南瓜	100 克
	小米	40 克
	玉米粒	20 克
	枸杞	10 个
调料	冰糖	10 克

营养贴士

年轻人喜欢吃"垃圾食品"，所以体内大多都有着很多残留的毒素，如果不及时排出，很容易引起各种皮肤问题。这道南瓜小米粥富含果胶，具有较强的排毒功效，经常食用可以消炎解毒，搭配玉米，还能去除身体内的湿气，消除浮肿。

烹饪秘笈 南瓜也可切块，不过需提前煮熟，这样熬粥时更容易软烂，与米粥完美融合。

做法

1. 南瓜洗净，去皮、瓤，擦成丝。小米、玉米粒、枸杞洗净备用。
2. 锅中放入南瓜丝、小米、玉米粒、枸杞，大火熬煮。
3. 水开后转小火煮至微稠，关火，加入冰糖，加盖闷 5 分钟后出锅即可。

这道由紫变蓝的粥，烹饪简单，味道清甜，口感软糯，更易消化吸收，特别适合给宝宝食用。

材料		
紫薯	2 个
大米	30 克
紫米	20 克
花生	20 克
调料	冰糖	20 克

营养贴士

爱喝粥的人大多气色红润，身体苗条。如果选一道粥来作为主食，这道大米紫薯粥肯定是好的选择，因为它除了具有普通红薯的营养成分之外，还有着丰富的硒元素和花青素，这两种营养素被人体吸收后可以缓解疲劳，恢复体力，长期食用还能延缓衰老，抑制癌细胞，让身体更健康、更有力量。

这次的主角是紫薯

大米紫薯粥

烹饪秘笈　由于紫薯富含淀粉，熬煮过程中容易沉淀，需要勤用勺子搅动以免焦糊。要想保持紫色不变，可以滴入少量白醋，不会影响口感。

做法

1. 将紫薯去皮后洗净，擦成丝。
2. 花生放冷水中浸泡 30 分钟后洗净，大米、紫米洗净备用。
3. 锅中放入大米、花生、紫米、紫薯丝和适量清水，大火熬煮。
4. 水开后转小火煮至微稠，关火，加入冰糖，加盖闷 5 分钟后出锅即可。

酸酸甜甜的开胃粥

二米红豆山楂粥

这道粥酸甜可口，可开胃、解油腻，尤其适合炎热的夏季时节食用。把熬成的粥放入冰箱冷藏后食用，是消暑的极佳选择。

材料		
大米	40 克
小米	20 克
红豆	10 克
干山楂	5 片

调料		
冰糖	10 克

营养贴士

都知道山楂开胃，可以促进消化，但是口感酸得让很多人望之兴叹。这道大米山楂粥完美地解决了难题，大米的清香和浓郁彻底中和了山楂的酸味，再加入冰糖，尝起来更加可口。经常食用这道粥，除了提升食欲之外，还能降低血压，活血化瘀；经常咳嗽的人多喝，还能平喘化痰，增强抗病能力。

烹饪秘笈 | 如果是用新鲜山楂，可以去核切片后熬成汤汁再放入粥里，这样味道更浓郁。

做法

1. 将大米、小米、红豆淘洗净，放清水中浸泡 30 分钟。干山楂洗净后备用。
2. 锅中放入大米、小米、红豆和适量清水，大火烧开。
3. 调小火，经常搅拌防止粘底。
4. 煮至微稠状时加入干山楂片，继续煮 10 分钟。
5. 加冰糖，关火，加盖闷 10 分钟后出锅即可。

烹饪时间 ● **50min**　难易程度 ▣ **简单**

这道粥被称为粥界的"网红"，风行大江南北，素有"消肿神器"之称。究竟效果如何？动动手，亲自验证一下吧。

材料		
	薏米	30 克
	红豆	40 克
	大米	20 克
	紫米	20 克
	花生	20 克
	枸杞	10 个

调料		
	冰糖	20 克

营养贴士

减肥这件事情，对于忙到天昏地暗的上班族来说，靠饮食进行调节是最好的选择了。这道红豆薏米粥可以改善皮肤状态，消除浮肿，对于长期在空调房里久坐不动的人来说简直是福音。加入花生和枸杞之后，强身健体效果翻倍。

全民都爱喝的养生粥

红豆薏米粥

▌烹饪秘笈

红豆建议用赤小豆，薏米建议烘烤之后再用来煮粥，这样才能保证此粥的祛湿效果。

做法

1. 将红豆、薏米、花生放水中浸泡 2 小时后冲洗干净。
2. 将大米、紫米、枸杞洗净后备用。
3. 砂锅中放入薏米、红豆、大米、紫米、花生、枸杞和适量清水，大火煮开。
4. 水开后调小火，要经常搅拌防止粘底。
5. 煮至粥微微黏稠后加入冰糖。
6. 盖上锅盖，焖 5 分钟后出锅即可。

想把牛肉熬成粥

香菇牛肉粥

烹饪时间 ◎ **50**min　　难易程度 ■ **简单**

材料		
	牛肉	60 克
	香菇	4 朵
	大米	40 克
	韭菜	20 克

调料		
	植物油	20 毫升
	盐	1/2 茶匙
	葱	1 节
	姜	1 块

营养贴士

香菇的营养价值不必多说，作为菇中之王，它可促进体内钙的吸收，增强人体免疫力，多吃还能抗癌防癌，降压、降血脂。牛肉富含蛋白质和多种必需氨基酸，可以补充体力，滋养脾胃，强健筋骨。

▎烹饪秘笈

新鲜牛肉在烹炒之前可以先加入淀粉、盐、油腌制 20 分钟，这样更有助于牛肉入味，且容易煮得软烂。

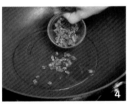

做法

1. 将牛肉洗净后用冷水泡 1 小时，去血水后洗净。

2. 将牛肉切小丁。香菇去根后洗净，切丁。

3. 大米洗净，葱切碎，韭菜洗净切碎，姜切片备用。

4. 起锅，锅热后倒油，油热后加葱碎炒香。

5. 加入牛肉丁、香菇丁翻炒，至肉变色后迅速倒入砂锅中。

6. 在砂锅中加入大米、清水、姜片、盐，大火煮开。

7. 调小火，煮至粥黏稠后撒韭菜碎，出锅即可。

特色

香菇滑嫩，牛肉鲜美，加粳米熬煮成粥，味道咸香可口，用韭菜调味，更能开胃、增食欲，促进消化吸收。

海边家庭的快手美味

鲍鱼海鲜粥

烹饪时间 ◎ **50**min　　难易程度 ▣ **简单**

材料	大鲍鱼	2只
	虾	10只
	扇贝柱	50克
	大米	40克

调料	盐	1/2 茶匙
	葱	1节
	姜	1块

营养贴士

现代人手机天天不离手，走在路上都还盯着不放，所以有条件的话，不妨多喝点海鲜粥。被归为海洋珍品的鲍鱼营养十分丰富，可以缓解用眼过度，经常食用还可清除体内虚火，让人心平气和，对治疗失眠多梦也有着不错的效果。

> 烹饪秘笈
>
> 海鲜粥关键是要原汁原味，所以在熬煮时尽量不要放太多调料，而且煮制时间也不要太长，否则肉质会变老，影响口感。

做法

1. 将鲍鱼去壳，摘除内脏，洗净泥沙。

2. 虾剥皮后去虾线，扇贝柱洗净，大米洗净，葱切葱花，姜切碎备用。

3. 起锅，锅热后加油。

4. 油热后将虾仁、鲍鱼、扇贝柱、姜碎下锅翻炒。

5. 快速将炒过的食材倒入砂锅中，加水、大米，大火熬煮。

6. 煮开后转小火慢熬，不时用铲子抄底搅拌。

7. 煮至粥微稠时加盐搅拌，撒葱花，出锅即可。

这道粥算是粥界的贵族了,被称为"软黄金"的鲍鱼味道鲜美,肉质娇嫩,营养极其丰富,搭配虾肉和扇贝熬成海鲜粥,堪称无上美味。

把 爱 放 进 粥 里

皮蛋火腿咸粥

烹饪时间 ◎ **50min**　　难易程度 ◎ **简单**

相较于皮蛋瘦肉粥的烦琐，用火腿熬粥更方便省时，而且味道丝毫不逊色于前者，适合时间紧张的上班族。

材料	皮蛋	2 个
	火腿	100 克
	大米	40 克

调料	盐	1/2 茶匙
	姜	1 块
	葱	1 节

营养贴士

对于喜欢咸粥的朋友来说，这道粥绝对不可错过。皮蛋开胃润喉，泄热去火，对于帮助控制血压有着很好的效果，心气浮躁的人经常食用，可以解除体内燥热，安神静气。夏天炎热的时候喝，还能解暑气，止口渴。

烹饪秘笈 ▎熬制此粥时建议水可以适当放少一些，这样熬出来的粥更浓稠，也更香。

做法

1. 将皮蛋剥壳后切成小块，火腿去塑料膜后切丁，大米洗净，葱切成葱碎，姜切片备用。
2. 砂锅中放入皮蛋、火腿、大米、姜片和适量清水，开大火煮制。
3. 水开后调成小火，不断搅拌防止底部粘锅。
4. 煮至粥黏稠后加盐搅匀，撒葱花，出锅即可。

第 五 章

什么叫有智慧地偷懒？就拿饮食这件事儿来说，懒得吃各种水果，那喝杯果汁很简单，一次补充一天的多种维生素，满满的营养；懒得吃菜又想补充各种蔬菜纤维，那喝杯蔬菜汁，好喝、方便又易被身体吸收，满满的正能量。做果蔬汁麻烦吗？当然不，选对食材、工具，真是 So easy(太简单)了，选锋利好用的削皮刀，快速削果皮；用破壁机代替传统搅拌机，操作极其简单，既可最大程度地保留食物纤维，打出来的果蔬汁口感也更滑润细腻；尽量选有机可生食的安心蔬果，只需简单冲洗即可榨汁饮用，快捷又健康；将食材切小块，还可缩短榨汁时间。所以，发现了吗？只要选对工具、用对方法，一杯美味的健康果蔬汁其实超级简单哦。那么，接下来只需要问问你的味蕾，今天想喝点什么呢？

健康利器之

美味果蔬汁

竹林白雪

牛油果雪梨汁

烹饪时间 ⊙ **10min**　难易程度 ☑ **简单**

牛油果口感醇厚细腻，是一种无法复制的美好，再搭配雪梨的甜，早上喝上一杯，为身体注入满满的能量。

材料

牛油果	2 颗
雪梨	2 颗

营养贴士

如果说世界上有可以吃的高级护肤品，那么一定指的就是牛油果了。这种被称为"森林奶油"的水果营养价值十分丰富，富含蛋白质和多种维生素等营养物质，搭配雪梨做成果汁饮用，可以起到很好的美容保健作用。

烹饪秘笈

牛油果的颜色很美，但极易氧化变黑，想要牛油果一直绿油油的秘诀就是将牛油果

放入开水锅中滚 1 分钟左右，捞出放冷水中冷却后再切，就不会变色啦。

做法

1. 净锅内加水，大火煮开，将牛油果放入。
2. 牛油果在锅中煮 30 秒左右即捞出，浸泡在冷水中降温。
3. 将冷却后的牛油果对半切开，去核，用勺子将牛油果肉挖出，切小块。
4. 雪梨洗净后去皮、核，切小块，把梨块放入原汁机中榨汁。
5. 将梨汁和牛油果肉一起放入搅拌机中，打1 分钟即可。

烹饪时间 ⏱ **10min**　难易程度 ▣ **简单**

偷懒方向：
将百香果肉和蜂蜜放密封罐浸泡冷藏，易存储，取食方便

近几年超级流行的百香果，酸酸的味道与甜甜的蜂蜜是绝配，在饭前喝一杯，还有开胃、促进食欲的作用。

材料

百香果	6 个

调料

蜂蜜	1 汤匙

营养贴士

朋友聚会，一不留神就容易吃多，如果肠胃功能还不好，那么回到家都消化不了。这时候可以喝杯百香汁，它含有丰富的膳食纤维，可以对人体肠胃进行深层的清理、排毒，与蜂蜜搭配，还可以改善肠胃的吸收功能，使人不再胀气。

酸甜滋味

蜂蜜百香果汁

烹饪秘笈 百香果要选外皮饱满的果子，用手颠一颠，手感比较沉的果子质量较好。注意千万不要选外皮皱皱的百香果，这样里面的果肉也是干瘪的。

做法

1. 将百香果洗净，对半切开。
2. 用勺子将百香果肉挖入搅拌杯中。
3. 加入适量纯净水，搅打 2 分钟。
4. 加适量蜂蜜，再搅打 30 秒即可。

异域风情

石榴汁

烹饪时间 ⏱ **10min**　难易程度 ▣ **简单**

石榴晶莹剔透，滋味酸甜清爽，但对于急性子而言，一粒一粒入嘴会感觉特别不过瘾，这时不妨来杯石榴汁，痛饮一口，解馋过瘾，还能提神醒脑。

材料

红石榴	1个
黑提	100克
面粉	10克

营养贴士

石榴汁可是美容养颜的圣品，国外研究表明，它比红酒、番茄汁具有更好的抗氧化作用，延缓衰老的功效更强。石榴汁含有多种氨基酸和微量元素，能开胃、助消化、软化血管、降血脂、降血糖等。忙碌的间隙来一杯，能缓解疲劳，让你充满活力。

烹饪秘笈　石榴是可以和内籽一起榨汁的，如果觉得残渣影响口感，可以在榨汁后静置一会儿，待固体沉淀后再饮用，或者用滤网过滤一下也可以。

做法

1. 将红石榴去皮，取石榴粒放入碗里备用。
2. 将黑提放水中，加面粉搅匀，浸泡。
3. 浸泡10分钟后捞出黑提洗净，去梗。
4. 在原汁机中放入石榴粒和黑提，出汁即可。

烹饪时间 ● **5min**　难易程度 ■ **简单**

偷懒方向：
速冻玉米偷懒必备

玉米香甜，牛奶浓郁，组合
搭配，营养爆棚，特别适合
老人和孩子饮用，白领人士
熬夜加班时来一杯，立马元
气满满，恢复活力。

材料

| 速冻熟玉米粒 | 100 克 |
| 牛奶 | 300 毫升 |

调料

| 蜂蜜 | 1 汤匙 |

营养贴士

牛奶富含优质蛋白质，可补钙
安神，玉米属粗粮，二者搭
配营养更全面，长期饮用此汁
可以促进消化，调理肠胃，老
年人多喝还能够延缓衰老；对
于经常用眼的学生和上班族来
说，则有助于恢复视力，缓解
眼睛疲劳。

营养原磨
奶香玉米汁

烹饪秘笈　榨好的玉米汁会有些许残渣，如果
不喜欢，可以过滤后再放入锅中煮
沸饮用。

做法

1. 将熟玉米粒洗净。
2. 在搅拌杯中放入牛奶、玉米粒，打 2 分钟。
3. 将打好的玉米汁放入锅中煮沸。
4. 放凉后调入蜂蜜即可。

热带摇摆

芒果柳橙汁

偷懒方向：
选大个芒果取肉更省力

阳光明媚的星期天，早餐喝一杯芒果柳橙汁，搭配面包和沙拉，真是再完美不过了。你是不是和我一样，喜欢芒果与柳橙爆浆的口感？

材料

芒果	2 个
柳橙	2 颗

营养贴士

这是一道让人越喝越漂亮的果汁，芒果和柳橙中含有大量的维生素，可起到滋润肌肤、美容养颜的作用；此外，还含有大量的纤维素，每天早上喝一杯，可促进排便，防止便秘，让你轻轻松松一整天。

▍烹饪秘笈

榨汁选用的芒果最好是金煌或大水仙芒果，皮薄、核薄、肉丝极少。在取芒果肉时，先将芒果沿果核切成两半，去核，在果肉上用刀画十字，用勺子把果肉刮下来即可。

做法

1. 将柳橙去皮，果肉切小块。
2. 芒果洗净，沿核把两侧果肉切出，去皮，将果肉切小块。
3. 启动原汁机，将橙肉放入，出汁。
4. 将橙汁、芒果肉放入搅拌机中，搅打 1 分钟即可。

烹饪时间 🕐 **5min**　难易程度 ▣ **简单**

橙多多酸奶

鲜橙酸奶汁

如果香蕉牛奶已经无法满足你的胃，那么来试试鲜橙酸奶吧。再加入少许豌豆，酸奶中充满了鲜橙的香气，想想都直流口水。

材料

橙子	1 个
酸奶	500 毫升
速食豌豆	20 克

调料

蜂蜜	1 汤匙

营养贴士

每到过年过节，吃多了大鱼大肉之后，消化不良就成了很多人的困扰。这道饮品可以改善肠胃功能，促进消化，抑制有害物质在肠道内产生和积累，加入橙汁后还能防止细胞老化，使皮肤白皙而健康，是过节期间健康饮品的不二之选。

▌烹饪秘笈

酸奶要选择奶质醇厚的，这样口感更好；将橙子切块时要注意将籽去掉；在打好汁倒入杯中时，最好用滤网过滤一下，将杂质滤去。

做法

1. 将橙子去皮，果肉切小块。
2. 将速食豌豆洗净备用。
3. 将酸奶、橙肉、豌豆加入搅拌器中，搅打 2 分钟。
4. 加入蜂蜜，继续打 30 秒即可。

复刻回忆

香蕉牛奶

香蕉牛奶是韩剧里最常出现的饮品之一，它征服了无数人的味蕾。但市面上的香蕉牛奶饮品中大多含有很多添加剂，不如自己来做吧，制作方法超级简单。

材料

香蕉	2 根
牛奶	500 毫升

调料

蜂蜜	1 汤匙

营养贴士

爱吃香蕉的人一定很快乐，因为香蕉中的营养成分可以在人体内产生血清素，这种物质会刺激神经系统，给人带来快乐。另外，香蕉中含有多种维生素、钙和铁元素，搭配牛奶可以帮助消化，防止便秘。

烹饪秘笈
香蕉选择成熟度高的，这样香蕉味更浓郁。牛奶尽量选择全脂牛奶，跟香蕉搭配味道更棒。

做法

1. 将香蕉剥皮，果肉切小块。
2. 在搅拌杯中加入牛奶、香蕉。
3. 搅拌 1 分钟后加入蜂蜜。
4. 继续搅打 30 秒，倒出即可。

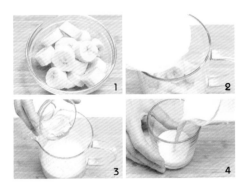

烹饪时间 **5min**　　难易程度 **简单**

每个女孩都有一颗少女心和一个粉色的梦。无论是闺蜜聚会还是在家休闲时，来一杯粉色泡泡再适合不过了。在果汁中加入饮乐多，即使是怕胖的小仙女，饮用起来也完全无负担哦。

材料

蜜桃	1 个
火龙果	半个
饮乐多	300 毫升

营养贴士

女孩子应该多吃水蜜桃，因为它含有丰富的维生素，不但能够补充皮肤水分，还可以防止皱纹形成，提升气色，具有很好的美容养颜效果。在水蜜桃上市的季节，一定要多吃哦。

粉色泡泡

蜜桃饮乐多

烹饪秘笈　在选水蜜桃时，建议选成熟度较好的果子，既容易剥皮，又甜蜜多汁。

做法

1. 将红心火龙果去皮，果肉切小块。
2. 蜜桃洗净，一切两半，去核，桃肉切小块。
3. 将红心火龙果肉、蜜桃肉放入搅拌机中。
4. 加入饮乐多，开机搅打 2 分钟即可。

灿烂晴天

南瓜红枣汁

烹饪时间 ◎ **10min**   难易程度 ◎ **简单**

如果心情不好就来杯南瓜红枣汁吧，告诉自己其实很多事没什么大不了，不值得太多忧愁和烦恼。这道南瓜红枣汁入口暖暖甜甜，心情即刻变好，如果一杯不够，就再来一杯！

材料

南瓜	200 克
红枣	6 颗

调料

纯净水	300 毫升
白砂糖	1 茶匙

营养贴士

南瓜红枣汁是一款可以用来调节心情的饮品，富含身体所需的多种营养素，能有效缓解神经紧张、改善心情、提高免疫力、补中益气、预防感冒，特别适合冬季饮用。

烹饪秘笈

红枣可以提前用温水泡一会儿，南瓜也可以先蒸熟再打汁，这样口感会更加浓郁。

做法

1. 将南瓜洗净，去皮、瓤，切小块。
2. 红枣洗净后去内核。
3. 将南瓜块、红枣、纯净水加入搅拌机中，打 3 分钟。
4. 将打好的南瓜汁放入锅中，加入白砂糖，煮沸即可。

烹饪时间 ⏱ **5min**　　难易程度 ▣ **简单**

像海边擦肩而过的奔跑的少年，
带来了一缕凉风，让你清爽透
心；又像是谈了一场热烈的恋
爱，每一刻都幸福甜蜜。来杯
多情的凤梨薄荷汁吧，会让你
拥有一个不一样的夏天。

材料

凤梨	200 克
芒果	1 个
薄荷叶	3 片

营养贴士

盛产自热带的凤梨营养丰富，
含有的维生素 C 可以美容养
颜，润肤美白，特有的凤梨酵
素有利于促进消化，提升食欲，
再放入几片薄荷，更能缓解头
痛，提振精神，特别适合夏季
饮用。

奔跑少年

凤梨薄荷汁

▌烹饪秘笈

凤梨的口味比菠萝更
为香甜，所以榨汁的
话建议选择凤梨。凤
梨切开后可以直接食
用，无须用盐水浸泡。

做法

1. 将凤梨削皮，取果肉切小块。
2. 芒果沿果核把两侧肉切出，去皮，果肉切
   小块。
3. 将新鲜薄荷叶洗净备用。
4. 在搅拌机中放入凤梨肉、芒果肉、薄荷叶
   打 2 分钟即可。

维生素多多

胡萝卜苹果汁

很多人不喜欢吃胡萝卜，但你试过胡萝卜汁吗？甜甜的很清爽，百喝不腻的滋味，搭配苹果等水果，一杯果汁一饮而下，带来大大的满足感。

材料

胡萝卜	1 根
苹果	1 颗

营养贴士

都说眼睛是心灵的窗户，一个人只要眼睛神采奕奕，就会让人觉得整个人散发着光芒，所以爱美的女孩都应该多喝点胡萝卜汁，它可以缓解眼睛疲劳，还能提神；苹果汁是很好的抗衰老水果，长期饮用还能减肥。

烹饪秘笈　苹果和胡萝卜果肉中纤维素比较多，最好用原汁机榨汁，这样打出的果汁口感非常细腻。在挑选胡萝卜时最好选带泥的，用削皮刀将外皮刮掉即可，这样可以保证胡萝卜够新鲜。

做法

1. 将胡萝卜洗净，去皮，切小块。
2. 苹果洗净，去皮、核，果肉切小块。
3. 启动原汁机，将胡萝卜块和苹果块交替加入。
4. 将打好的果汁稍拌匀即可。

烹饪时间 **5min**　难易程度 **简单**

生活匆忙的你，是否觉得身体需要放松一下呢？这是一杯有排毒功效的果汁，将身体里的好多毒素一下子排出的感觉，是不是很棒？西柚的苦与苹果、梨子的甜融合一起，微甜的口感很赞。

润燥仙子

西柚果蔬汁

材料

西柚	1个
苹果	半个
梨	半个
黄瓜	1根

调料

蜂蜜	1汤匙

营养贴士

每到换季时，人的皮肤就容易干燥，这时候不妨喝一点西柚果蔬汁，它含的糖分较少，热量很低，可以帮助人体排出毒素，具有美容养颜的效果。减肥人士可以喝它来代替喝水，能够起到瘦身塑形的作用。

烹饪秘笈 西柚发苦，在处理时尽量将它的白瓤去掉，可减少苦味。

做法

1. 将西柚、黄瓜洗净，去皮后切小块。
2. 苹果、梨洗净，去皮、核，果肉切小块。
3. 启动原汁机，将西柚肉、黄瓜、苹果、梨交替加入。
4. 将打好的果汁加蜂蜜搅拌一下即可。

番茄汁也美味

番茄苹果汁

大家提起番茄汁，是不是会不自觉地皱起眉头呢？如果接受不了纯番茄汁，可以加入苹果和少许柠檬榨汁，那味道就像打开了新世界的大门，好喝得根本停不下来。

材料

番茄	1 个
苹果	2 个
柠檬	1 片

调料

蜂蜜	1 汤匙

营养贴士

长时间面对电脑，特别容易受到电磁波辐射的伤害，原本娇嫩的皮肤开始变得暗黄没有光泽。这道营养多多的番茄苹果汁不仅可以净化肌肤，更能有效清除身体内沉积的垃圾，起到抗衰老、减肥的作用。

▌烹饪秘笈

苹果品种的选择上推荐新西兰红苹果或者烟台红富士，这两种苹果香甜可口，还带着天然的香气，会为果汁增色不少。

做法

1. 将番茄洗净，去皮后切小块。
2. 苹果洗净，去皮、核，切小块。柠檬洗净，切片。
3. 启动原汁机，将苹果块、柠檬片加入打汁。
4. 将苹果柠檬汁、番茄块、蜂蜜一起放入搅拌机中，打 2 分钟即可。

烹饪时间 ⏱ **10min**　难易程度 ▣ **简单**

这杯蔬菜汁是为不爱吃蔬菜的朋友精心打造的，加了蜂蜜后，呈现的是一种天然的清新果蔬香，这是大自然的馈赠，为身体增加了更多营养。

材料

西芹	100 克
黄瓜	1 根

调料

蜂蜜	1 汤匙

营养贴士

外卖吃多了，身体中残留了特别多的毒素，如果不排出很容易长痘。这道由西芹和黄瓜混合成的蔬菜汁，脂肪含量低，而且含有丰富的纤维素，可以加快新陈代谢，排出身体中的毒素，让你远离痘痘困扰。

魔法排毒

西芹黄瓜汁

> 烹饪秘笈 ▎ 西芹和黄瓜最好选择有"有机"认证的放心蔬菜。在处理西芹时要去叶，以防影响口感。

做法

1. 将西芹去叶后洗净，切小段。
2. 黄瓜去皮，切小块。
3. 启动原汁机，将西芹段、黄瓜块交替加入打汁。
4. 将打好的蔬菜汁加蜂蜜搅匀即可。

深邃山丘

白萝卜芦荟汁

白萝卜真的是非常不讨喜的食物之一，浓重的气味让人很难接受。如何将白萝卜汁做成美味呢？加点苹果吧，保证让你对白萝卜汁从此刮目相看。

材料

白萝卜	100 克
芦荟	10 克
苹果	1 颗

调料

蜂蜜	1 汤匙

营养贴士

白萝卜具有很好的养生功效，自身含有的木质素和丰富的维生素等具有防癌抗癌、延缓衰老的功效，搭配芦荟汁，更有助于美容养颜、润肤保湿，尤其适合爱美女士饮用。

烹饪秘笈 ▍挑选白萝卜的时候，一定要选表面非常光洁的，在手上掂一下试试，要有重量感，这样的萝卜才新鲜，口感清脆、不糠。

做法

1. 将白萝卜洗净，去皮，切块。
2. 芦荟洗净，切小块。苹果洗净，去皮、核，切小块。
3. 启动原汁机，将白萝卜块、芦荟块、苹果块交替加入，打汁。
4. 将打好的果蔬汁加蜂蜜搅匀即可。

烹饪时间 **10min**　难易程度 **简单**

当水果遇到蔬菜，会擦出怎样的火花？火龙果与菠菜的组合，能否征服你的味蕾？如果还嫌不够味，那就放片柠檬吧，酸甜爽口，一定会成为你夏日里的最爱。

绿色翻转

火龙果菠菜汁

材料

白火龙果	1 个
菠菜	100 克
柠檬	1 片

调料

白砂糖	1 茶匙

营养贴士

火龙果在水果界被称为补铁之王，菠菜则是蔬菜界的补铁担当，这两者强强联合，不但补血益气，还能促进骨骼的生长发育，特别适合儿童及老人饮用。

烹饪秘笈

菠菜自身含有草酸，建议先用热水焯过之后再榨汁，以免破坏火龙果里的营养。

做法

1. 将菠菜择去黄叶，洗净，下开水锅焯烫一下备用。
2. 将白火龙果取果肉，切小块。柠檬洗净，切小片。
3. 启动原汁机，将菠菜、柠檬放入，出汁。
4. 将菠菜柠檬汁、白色火龙果肉、白砂糖加入搅拌机中，打 2 分钟即可。

迷情巴黎

甘蓝核桃汁

烹饪时间 ◎ **10min**　　难易程度 ▣ **简单**

偷懒方向：
最好直接购买去皮核桃更方便

饮食油腻，生活不规律，使得越来越多的人胃部出现问题。尽管不至于去医院，但时不时疼两下也让人分外烦恼。这种情况建议饮用甘蓝汁，甘蓝叶能饱腹、排毒，而且对胃特别好，味道浓郁，滋味也不坏，搭配核桃，还能补脑。

材料

紫甘蓝	2 叶
核桃	4 个
芒果	1 个

营养贴士

甘蓝是胃痛者的福音，其富含的花青素和维生素 U 等同于胃药，而且毫无副作用，长期饮用可预防胃癌，帮助清除体内毒素；饭后来一杯，还能促进消化，解油腻，对减肥瘦身也有很好的效果。

▌烹饪秘笈

紫甘蓝买回来后可以放置一段时间再用温水洗净，这样有助于去除农药。紫甘蓝本身含有硫元素，味道有点冲，可以加点果肉调味。如果不喜欢芒果，也可以放苹果或者香蕉。

做法

1. 将紫甘蓝叶洗净，切小片。核桃去壳，剥出果肉备用。
2. 芒果顺着果核一切两半，去除果核，用刀在果肉上划出网格，取下果肉块。
3. 启动原汁机，将紫甘蓝放入出汁。
4. 在搅拌杯中放入紫甘蓝汁、芒果肉、核桃肉。
5. 打 3 分钟即可。

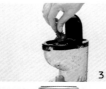

烹饪时间 ⏱ **10min**　　难易程度 🍴 **简单**

喝纯的蔬菜汁总觉得有点难以下咽，放点金橘调味，不但酸甜可口，而且能让人开胃、提神醒脑。长期饮用还能改善肠胃功能，缓解便秘。

材料

金橘	4 个
西芹	50 克
胡萝卜	1 根

调料

蜂蜜	1 汤匙

营养贴士

其实减肥真的不需要吃药，很多蔬菜汁都可以起到很好的瘦身效果，尤其是这款金橘蔬菜汁，富含维生素和膳食纤维，既能开胃健脾、调理肠道，还能改善皮肤光泽、减少皱纹、消除浮肿，早餐饮一杯，一整天都精神饱满。

清晨陪伴
金橘蔬菜汁

▎烹饪秘笈

如果时间充裕，可以先将西芹用热水烫过再榨汁，这样既能保持其鲜亮的色泽，还能使口感更为细腻。

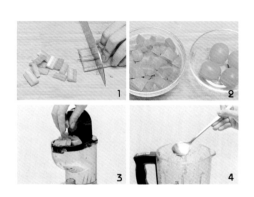

做法

1. 将西芹去叶洗净，切小段。
2. 胡萝卜洗净，去皮后切小块。金橘洗净备用。
3. 启动原汁机，将西芹段、胡萝卜块交替放入打汁。
4. 将打出的蔬菜汁和金橘一起放入搅拌机中，加入蜂蜜，打 2 分钟即可。

快乐松鼠

坚果圆白菜汁

坚果是疲劳时补充体力的上佳选择，与圆白菜搭配榨汁饮用，可以让你在香醇浓厚中感受到一丝清爽，而互补的营养成分更是让你瞬间充满元气，继续为美好的生活奋斗。

材料

圆白菜	200 克
杏仁	20 克
松子	20 克
榛子	20 克

调料

白糖	1 茶匙

营养贴士

坚果营养丰富，经常食用可强身健体，增强免疫力，搭配新鲜的圆白菜榨汁饮用，还能健脾开胃，促进消化。除此之外，圆白菜还有杀菌消炎的作用，对消除咽喉疼痛、外伤肿痛、胃痛、牙痛都有着不错的效果。

▍烹饪秘笈

坚果质地坚硬，建议在榨汁前用温水泡一会儿，这样榨出的汁口感会更细腻。如果不喜欢苦味，杏仁可以选择炒熟的甜杏仁。

做法

1. 将圆白菜叶洗净，切小片。
2. 将杏仁、松子、榛子分别剥壳去皮备用。
3. 在原汁机中加入圆白菜叶打出汁。
4. 在搅拌机中加入圆白菜汁、杏仁、松子、榛子、白糖，打 3 分钟即可。

烹饪时间 ⏱ **10min**　　难易程度 ▣ **简单**

木瓜是极适合女性食用的水果，其有着丰富的营养成分和很好的美容效果，搭配生姜后更可暖宫散寒，特别适合手脚冰凉的女士饮用。

特别好友

木瓜生姜汁

材料

木瓜	200 克
生姜	5 克

调料

蜂蜜	1 汤匙

营养贴士

都说木瓜是女性的贴心好友，可以丰胸美颜，丰胸的真实性不可考，但女性常吃木瓜，确实有润肤美颜的功效。木瓜多汁，有着很强的抗氧化能力，能够消除人体中的有毒物质，防癌抗癌，延缓衰老。

烹饪秘笈

木瓜很好挑选，如果选青木瓜，以皮滑、青亮、无色斑为佳；若是熟木瓜，则橙色一定要均匀，无色斑，且手感要轻，这样的木瓜才香甜有味，否则会带有苦涩味，影响口感。

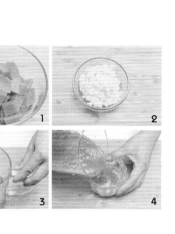

做法

1. 将木瓜洗净，去皮、籽，切小块。
2. 将姜去皮，切碎。
3. 在搅拌杯中加入木瓜肉、姜碎，倒入 250 毫升纯净水。
4. 搅打 2 分钟后加蜂蜜搅匀即可。